福建黄泥田

土壤肥力演变与改良利用

—— 王 飞 李清华 何春梅 等 著

中国农业科学技术出版社

图书在版编目（CIP）数据

福建黄泥田土壤肥力演变与改良利用／王飞等著．－－北京：中国农业科学技术
出版社，2022.11

ISBN 978-7-5116-6038-1

Ⅰ．①福…　Ⅱ．①王…　Ⅲ．①红壤-水田-土壤肥力-演变-研究-福建②红壤-
水田-土壤改良-研究-福建　Ⅳ．①S158②S156.6

中国版本图书馆 CIP 数据核字（2022）第 225228 号

责任编辑	徐定娜
责任校对	李向荣
责任印制	姜义伟　王思文

出 版 者	中国农业科学技术出版社
	北京市中关村南大街 12 号　　邮编：100081
电　　话	（010）82105169（编辑室）　　　（010）82109702（发行部）
	（010）82109709（读者服务部）
网　　址	https://castp.caas.cn
经 销 者	各地新华书店
印 刷 者	北京建宏印刷有限公司
开　　本	185 mm×260 mm　1/16
印　　张	13.75
字　　数	255 千字
版　　次	2022 年 11 月第 1 版　2022 年 11 月第 1 次印刷
定　　价	58.00 元

《福建黄泥田土壤肥力演变与改良利用》

著　者

王　飞　李清华　何春梅　邢世和　方　宇

黄功标　黄毅斌　林　诚　林新坚　王　珂

刘彩玲　聂三安　杨　静

内容简介

本书以福建省广泛分布的中低产黄泥田为研究对象,开展典型样区调查与土壤肥力长期定位监测,在系统总结黄泥田土壤属性特征、土壤肥力长期演变及改良利用等相关研究成果的基础上撰写本书。全书共分 14 章:第一章介绍福建黄泥田形成与利用现状,第二章、第三章总结黄泥田土壤肥力特征及与中高产灰泥田的差异,第四章至第九章分别介绍了长期施肥下黄泥田土壤有机碳和大量、中微量元素的演变规律及碳、氮、磷生态化学计量学特征,第十章至第十一章分析了长期施肥下黄泥田土壤酶、微生物及杂草生物多样性特征,第十二章介绍了长期施肥下黄泥田水稻产量演变及籽粒营养品质,第十三章总结了黄泥田主要改良利用技术,第十四章综述了黄泥田改良利用研究策略。

本书资料翔实、内容丰富、图文并茂,在黄泥田土壤改良利用方面具有较强的理论性与实践性,适合从事土壤学、植物营养学、农学、作物栽培学、生态学、环境科学等领域的科技工作者以及相关管理部门工作人员参考使用。

序

耕地是粮食生产的基础，是粮食安全的基石。习近平总书记多次强调：粮食生产根本在耕地，牢牢守住耕地保护红线，要像保护大熊猫一样保护耕地。国家"十四五"规划中明确指出，深入实施藏粮于地、藏粮于技战略，坚持最严格的耕地保护制度，强化耕地数量保护和质量提升。农业农村部公报〔2020〕1号"2019年全国耕地质量等级情况公报"显示，我国现有耕地中低产田（四至十等）占总面积的2/3以上。耕地土壤肥力是耕地质量的核心指标，在我国人地矛盾日益尖锐的形势下，提升耕地土壤肥力对提高粮食单产、保障粮食安全具有十分重要的意义。

黄泥田是福建省主要的中低产田类型之一，存在黏、酸、瘦、浅、旱等限制因素，其主要分布于丘陵山区，约占福建水稻土总面积的30%。掌握黄泥田土壤肥力特性与生态过程，对因地制宜改良利用该类型土壤十分重要。成立于20世纪80年代初的闽侯黄泥田土壤肥力监测定位试验为全国化肥网实验点，具有长期性和代表性，获得的试验数据翔实、信息量丰富，具有常规试验不可比拟的优点，现已成为福建省乃至全国农业资源领域历史最为悠久的野外监测站点。30多年来，福建省农业科学院土壤肥料研究所专家团队长期坚持野外监测，系统开展了黄泥田土壤肥力研究，揭示了长期施肥下黄泥田土壤肥力演变规律及提升机理，提出地力定向培肥途径与改良利用技术，为黄泥田改良、利用及农业绿色发展做出了重要贡献。该书系统总结了黄泥田肥力演变与改良利用方面的研究成果，内容涵盖黄泥田土壤肥力的特征调查与评价、长期施肥下黄泥田土壤肥力演变规律、黄泥田改良与利用技术及策略等。相信该书的出版将对南方中低产稻田土壤改良、耕地质量与产能提升以及农田生态系统构建提供有益参考，对耕地土壤的基础研究也有积极的推动作用，也殷切期待福建黄泥田长期定位试验能持续获得更多的创新成果，为南方稻田土壤改良、健康土壤培育以及水稻土综合效益提升做出新的贡献。

2022 年 10 月

前　言

随着我国经济发展和人口增长，粮食需求持续增长，提高粮食生产能力任务艰巨。由于工业化和城镇化发展，非农建设占地问题日益加剧，我国耕地面积正逐渐减少。同时，我国优质耕地资源紧缺，全国耕地质量平均等级仅为4.76等，中低产田占比2/3以上，已成为制约粮食安全的重要因素。习近平总书记提出："耕地保护要求要非常明确，18亿亩耕地必须实至名归，农田就是农田，而且必须是良田。"因此，为确保我国粮食安全，通过改良中低产田，挖掘保有耕地增产潜力、提高粮食单产是当前耕地保护与利用的重要任务之一。

黄泥田是我国红黄壤地区的一类中低产水稻土，主要发育于凝灰岩、闪长岩、泥质岩、第四纪红色黏土和细粒结晶岩等风化物，包括黄泥田、灰黄泥田、乌黄泥田等类型，约占福建省水稻土总面积的30%。黄泥田一般距离村庄较远，熟化度低，养分不平衡，有机质缺乏，土质黏重，施肥和管理粗放，水稻产量较低，但经过改良后的黄泥田增产潜力大，对保障国家粮食安全，实现农业可持续发展具有重大意义。近年来各级政府部门加大了耕地质量保护与提升建设力度，福建省中低产田治理与改良利用工作取得了一定成效，综合生产能力有了进一步提高。但由于黄泥田基础条件脆弱，且在生产中受到众多因素的影响，目前仍未能完全适应现代农业发展的需要，因地制宜改良利用尚缺乏集成技术的支撑。

依托农业农村部福建耕地保育科学观测实验站、闽侯农田生态系统福建省野外科学观测研究站等平台，课题组系统开展了福建区域黄泥田研究，取得如下主要成果：①开展了福建省黄泥田主要分布区域的调查与评价，揭示了黄泥田土壤肥力主要限制因子及其原因，构建了肥力质量评价最小数据集；②基于连续30多年的黄泥田野外科学观测研究，系统揭示了长期施肥下黄泥田土壤肥力演变规律及机理，提出土壤定向培肥途径；③以培肥地力、提升水稻产量及节肥增效为目标，提出了黄泥田改良利用的有机物料还田、紫云英压青还田、水旱轮作、厚沃耕层等关键技术；阐明了黄泥田土壤结构改良、有机质与养分库容增加等机理；④针对黄泥田的限制因子与区域特色，提出了黄泥田改良利用主要技术模式。本书是基于上述研究成果的系统总结。

本书得到农业农村部福建耕地保育科学观测实验站、闽侯农田生态系统福建省野外科学观测研究站、公益性行业（农业）科研专项、福建省属公益类科研院所基本科研专项、农业高质量发展超越"5511"协同创新工程、福建省农科院科技创新团队项目等资助。在此一并表示感谢。

本书著作过程力求数据准确可靠，分析深入浅出，但鉴于著者水平有限，书中不足之处在所难免，敬请广大读者不吝指正。

目　录

第一章
黄泥田形成与利用现状

第一节 概 念

黄泥田属渗育型水稻土，为福建省主要中低产田类型之一，约占水稻土面积的30%（福建土壤普查办公室，1991）。黄泥田土壤剖面犁底层下多见黄色锈斑或全层为黄色，俗称"黄泥层"，主要分布于山地丘陵、山前倾斜平原、滨海台地和河谷阶地，发育于凝灰岩、闪长岩、泥质岩、第四纪红色黏土和细粒结晶岩等风化物，母质较细，土质黏重。黄泥田所处地势较高，渗透性强，干湿交替频繁，剖面土壤分化较明显。20世纪80年代，全国第二次土壤普查对福建黄泥田土壤理化特性开展了研究，发现熟化度低的黄泥田土壤存在酸、瘦、黏、浅、旱等障碍因素。但调查距今已有30余年，当前耕作制度和施肥方式已发生较大变化。因此，研究当前农业生产方式下黄泥田的土壤肥力特性，对因地制宜改良该类型土壤具有重要意义。

第二节 形成与特征

黄泥田多分布于坡地梯田及河流高阶地、滨海台地、山前倾斜平原，多为坡积物或残积物母质。地下水埋深2 m以下，土壤水主要依赖灌溉水及降水补给，水的移运以下渗为主要形式。在高温多雨的条件下，淋溶较为强烈，上层淋溶下来的还原性铁、锰被氧化而淀积，并伴随着水化作用形成黄色多水氧化铁，使土体呈黄色（图1-1）；由于强烈的风化淋溶，土壤自身养分含量低，与多由冲洪积物发育的灰泥田相比，肥力存在"先天不足"。此外，黄泥田田块破碎，人为管理粗放，培肥力度不够、熟化低，加剧了养分匮乏。

根据第二次全国土壤普查福建省研究成果，黄泥田土属划分为乌黄泥田、灰黄泥田与黄泥田3个土种（福建土壤普查办公室，1991）。三者分别占全省水稻土面积的1.01%、20.71%、3.67%，其中乌黄泥田主要分布于丘陵山地坡麓缓坡梯田，是高产稳产土壤之一；灰黄泥田主要分布丘陵山地中下坡段梯田，熟化度中等，属中产土壤类型；而黄泥田土种主要分布于丘陵山地上坡段梯田，熟化度低、耕层浅薄、质地黏重，多属低产土壤。

A（耕作层）：0～18 cm，暗灰黄，壤质黏土，碎块状结构，稍紧实。

Ap（犁底层）：18～26 cm，暗灰黄，黏土，块状结构，较紧实。

P（渗育层）：26～65 cm，淡黄棕，少量青灰色，壤质黏土，块状结构，紧实，少量锈纹锈斑。

C（母质层）：>65 cm，湿软，壤质黏土。

图 1-1 黄泥田土壤剖面

第三节 利用现状与分布

黄泥田土质黏重，生产条件较差，耕作技术落后，矿质营养缺乏，土壤酸化，相当部分常年串灌或缺水干旱，影响土壤肥力的充分发挥。在利用方式上，多以单季水稻为主，生产水平总体较低。

福建水稻土中黄泥田是仅次于灰泥田的土属，是福建主要的水稻土类型之一，全省面积约 24.74 万 hm^2。遍布全省各地的山地丘陵、滨海台地和河谷阶地，以福州、南平、漳州、三明等地分布较多（表 1-1）。

表 1-1 福建省各地市黄泥田分布面积

项目	全省	福州	龙岩	南平	宁德	莆田	泉州	三明	厦门	漳州
面积（hm^2）	247 438	58 729	21 576	49 262	20 774	5 871	8 654	39 369	2 694	40 509
比例（%）	100	23.73	8.72	19.91	8.40	2.37	3.50	15.91	1.09	16.37

第四节　黄泥田长期定位试验

　　福建黄泥田肥力定位监测点创建于 1983 年，是全国化肥网布置的实验点，现为福建省农业资源领域历史最为悠久的野外监测站点。先后遴选进入农业部（2018年 3 月，国务院组织机构调整，农业部更名为农业农村部，下同）福建耕地保育科学观测实验站、闽侯农田生态系统福建省野外科学观测研究站。实验站位于闽侯县白沙镇，地处南亚热带与中亚热带过渡区，海拔 15.4 m，年平均温度 19.5 ℃，≥10 ℃的活动积温 6 422 ℃，年降水量 1 350.9 mm，年蒸发量 1 495 mm，年日照时数 1 812.5 h，无霜期 311 d。实验站（图 1-2、图 1-3）内田地主要土壤类型为渗育型水稻土亚类黄泥田土属，成土母质为低丘坡积物。实验站现有土地 50 亩（1亩 ≈ 666.7 m^2，1 hm^2 = 15 亩，下同），拥有实验室、办公室、温室大棚等配套设施近 2 000 m^2，并配备野外自动气象观测站。本实验站为集监测、研究、示范、科普、人才培养功能于一体的综合实验站，主要围绕我国南方土壤退化阻控、耕地地力提升等领域开展科学观测和研究。

図 1-2　实验站概貌　　　　　　　　　図 1-3　实验站一角

　　长期定位试验（图 1-4）始于 1983 年，初始耕层（0～20 cm）土壤基本性质为：pH 值 4.90、有机碳 12.5 g/kg、碱解氮 141 mg/kg、速效磷 12 mg/kg、速效钾41 mg/kg。试验地 1983—2004 年种植双季稻，2005 年始种植单季稻。

　　试验设置 4 个处理：①不施肥（CK）；②单施化肥（NPK）；③化肥+牛粪（NPKM）；④化肥+稻秸全量还田（NPKS）。每个处理设 3 个重复，小区面积

图1-4　有机无机肥配施定位试验（始于1983年）

12 m², 采用随机区组排列。每季化肥用量为 N 103.5 kg/hm²、P₂O₅ 27 kg/hm²、K₂O 135 kg/hm²。牛粪每3～4年轮换一批，养分平均含量为有机碳249.9 g/kg、N 13.2 g/kg、P₂O₅ 8.0 mg/kg、K₂O 8.9 mg/kg，干牛粪每茬施用量3 750 kg/hm²，上茬稻秸全部还田，风干样产量为3 660～5 150 kg/hm²，稻秸养分平均含量为有机碳377.3 g/kg、N 7.8 g/kg、P₂O₅ 2.1 g/kg、K₂O 27.1 g/kg。供试化肥分别用尿素、过磷酸钙和氯化钾，其中氮、钾肥一半作基肥施用，一半作分蘖追肥施用，磷肥全部作基肥施用。水稻品种每3～4年轮换一次，与当地主栽品种保持一致。历年水稻品种为'威优64''丁优''豆花''白沙428''粤优938''宜香优2292''中浙优1号''中浙优8号'。不同施肥处理水稻长势见图1-5，定位试验土壤样品储藏库一角见图1-6。

图1-5　不同施肥处理水稻长势　　　**图1-6　定位试验土壤样品储藏库一角**

第二章
黄泥田土壤肥力质量特征及评价

土壤肥力质量是综合表征土壤维持生产力的能力，是反映土壤针对特定作物的养分供应能力（骆东奇 等，2002）。现代农业生产中，土壤肥力质量对作物生产力的影响越来越明显，优良品种潜力的发挥、栽培措施的实施、水肥资源的合理利用均越来越依赖土壤质量。因此，加强中低产田改良与肥力提升的研究显得尤为重要。

土壤肥力质量不能直接测定，但可通过评价因子功能参数来间接描述土壤的质量状态（Doran et al.，1994）。一些数学统计方法已被广泛应用于土壤质量评价中，如层次分析法、灰色关联度法、主成分分析法等，利用这些数学统计方法评价土壤肥力质量可以减少人为因素的干扰（王飞 等，2010；徐建明 等，2010；曹志洪 等，2008）。最小数据集（MDS）是反映土壤质量的最少指标参数的集合，即通过几个关键因子实现土壤质量评价。最小数据集因子选择多综合考虑土壤物理、化学与生物学性质指标，并尽可能敏感地表征出土壤生态系统变化（贡璐 等，2015；杨梅花 等，2016；Yao et al.，2013）。但不同土壤类型、不同土地利用方式下的最小数据集因子选择差异较大，尚无统一的标准，需要结合具体生态条件构建最小数据集。对福建省 20 块典型中低产黄泥田与邻近同一微地貌单元内的高产灰泥田进行配对比较，分析土壤物理、化学与生物学方面的差异，解析限制因子与限制程度以及形成原因。在此基础上，通过主成分等方法建立最小数据集，开展土壤肥力质量评价，阐明黄泥田肥力提升方向。

于 2015 年 12 月至 2016 年 3 月水稻冬闲期，在福建省浦城、建阳、建瓯、延平、顺昌、闽清、闽侯、宁化、永安、大田、尤溪、沙县、将乐、周宁、福安、屏南、霞浦、古田、上杭、连城 20 个地区采集 20 块典型黄泥田（剖面构型 A-Ap-P-C，代表中低产土壤）与邻近同一微地貌单元内的灰泥田（剖面构型 A-Ap-P-W-C，代表高产土壤）表层土壤（0～20 cm）（表2-1）。

表 2-1　福建省水稻田土壤样品取样点

编号	地点	经纬度	海拔（m）		地形		土壤母质		土地利用方式	
			黄泥田	灰泥田	黄泥田	灰泥田	黄泥田	灰泥田	黄泥田	灰泥田
1	尤溪县西滨镇	26°24′N 118°18′E	210	230	丘陵下部	平原中阶	残积物	冲积物	单季稻	烟-稻
2	闽清县东桥镇	26°22′N 118°52′E	160	150	丘陵上部	平原中阶	残积物	冲积物	单季稻	单季稻
3	建瓯市东峰镇	27°9′N 118°32′E	140	130	丘陵下部	平原中阶	残积物	冲积物	单季稻	单季稻

（续表）

编号	地点	经纬度	海拔（m）		地形		土壤母质		土地利用方式	
			黄泥田	灰泥田	黄泥田	灰泥田	黄泥田	灰泥田	黄泥田	灰泥田
4	浦城县仙阳镇	28°04′N 118°29′E	340	327	丘陵下部	平原低阶	坡积物	冲积物	单季稻	单季稻
5	建阳区童游街道	27°22′N 118°9′E	180	150	丘陵下部	平原中阶	坡积物	冲积物	单季稻	单季稻
6	延平区大横镇	26°43′N 118°14′E	100	70	丘陵下部	平原高阶	坡积物	坡积物	单季稻	单季稻
7	闽侯县白沙镇	26°13′N 119°04′E	16	11	丘陵下部	平原低阶	坡积物	冲积物	单季稻	稻-菜
8	顺昌县郑坊镇	26°42′N 117°43′E	272	270	丘陵下部	宽谷盆地	坡积物	冲积物	单季稻	烟-稻
9	永安市洪田镇	25°50′N 117°16′E	341	230	丘陵下部	平原中阶	坡积物	冲积物	中稻-西瓜	单季稻
10	古田县城东街道	26°37′N 118°44′E	361	355	丘陵中部	平原高阶	坡积物	冲积物	单季稻	单季稻
11	大田县武陵乡	25°37′N 117°46′E	443	435	丘陵中部	平原高阶	残积物	冲积物	单季稻	单季稻
12	宁化县泉上镇	26°24′N 116°58′E	464	453	丘陵中部	平原高阶	坡积物	坡积物	单季稻	烟-晚稻
13	周宁县礼门乡	26°59′N 119°12′E	830	816	山地坡下	山间盆地	坡积物	冲积物	单季稻	单季稻
14	屏南县甘棠镇	26°25′N 119°37′E	752	741	低山坡下	平原高阶	坡积物	冲积物	单季稻	单季稻
15	福安市溪潭镇	27°03′N 118°18′E	62	12	丘陵中部	平原低阶	坡积物	冲积物	单季稻	中稻-蔬菜
16	霞浦县松港街道	26°57′N 120°00′E	151	148	丘陵下部	平原高阶	坡积物	冲积物	单季稻	单季稻
17	连城县罗坊镇	25°44′N 116°39′E	432	396	丘陵中部	平原低阶	坡积物	冲积物	单季稻	烟-晚稻
18	上杭县太拔镇	24°56′N 118°39′E	475	280	丘陵中部	平原高阶	坡积物	冲积物	单季稻	油菜-中稻
19	沙县夏茂镇	26°34′N 117°38′E	208	185	丘陵下部	平原中阶	坡积物	冲积物	单季稻	单季稻
20	将乐县漠源乡	26°39′N 117°34′E	440	438	丘陵中部	宽谷盆地	坡积物	冲积物	单季稻	单季稻

第一节　黄泥田土壤障碍因子

一、黄泥田土壤化学特征

从土壤化学特征来看（表2-2），邻近同一微地貌单元发育的黄泥田与灰泥田的有机质、全氮、全磷、全钾、碱解氮、有效磷、速效钾、阳离子交换量（CEC）、交换性钙、交换性镁、有效铁、有效硼、有效锌等13项属性因子含量呈显著或极显著差异，其中，黄泥田的有机质含量较灰泥田低19.1%，全氮、全磷、全钾含量分别低14.8%、29.9%和25.4%，碱解氮、有效磷与速效钾含量分别低17.8%、56.7%和39.3%，CEC低12.9%，交换性钙与交换性镁含量分别低50.6%和30.8%，有效铁、有效硼、有效锌含量分别低25.6%、33.3%和44.1%。这主要是由于黄泥田多分布于丘陵山地，为残坡积物母质，风化淋溶强烈，自身养分不足，加之人为耕作粗放，熟化度低，导致矿质养分进一步缺乏。

表2-2　黄泥田与邻近灰泥田表层土壤化学性状比较

土壤化学指标	黄泥田	灰泥田	t 检验
pH 值	5.10±0.26	5.14±0.27	0.48
有机质（g/kg）	25.29±7.99	31.26±8.96	3.84**
全氮（g/kg）	1.61±0.39	1.89±0.37	3.24**
全磷（g/kg）	0.68±0.25	0.97±0.44	2.86**
全钾（g/kg）	14.28±5.96	19.15±4.69	3.58**
碱解氮（mg/kg）	126.4±24.8	153.8±31.2	3.34**
有效磷（mg/kg）	22.10±14.80	51.06±31.78	4.81**
速效钾（mg/kg）	50.16±17.39	82.70±47.26	2.85**
CEC（cmol/kg）	9.69±2.20	11.13±2.10	2.88**

（续表）

土壤化学指标	黄泥田	灰泥田	t 检验
可溶性有机碳（mg/kg）	324.5±99.0	365.0±145.1	1.43
交换性钙（cmol/kg）	1.96±0.85	3.97±1.14	7.21**
交换性镁（cmol/kg）	0.54±0.32	0.78±0.35	2.67*
有效硫（mg/kg）	15.01±6.67	17.27±10.08	0.82
有效铁（mg/kg）	128.64±62.06	172.88±94.61	2.20*
有效锰（mg/kg）	44.02±46.99	44.47±34.45	0.04
有效硼（mg/kg）	0.44±0.20	0.66±0.17	5.93**
有效锌（mg/kg）	1.42±0.63	2.54±1.09	4.17**
有效铜（mg/kg）	6.71±4.54	8.05±5.05	1.05

注：数据表示平均值±标准差；$t_{0.05}=2.023$，$t_{0.01}=2.708$，$n=20$；"*"与"**"分别表示差异达5%水平和1%水平，全书同。

二、黄泥田土壤物理特征

邻近同一微地貌单元发育的黄泥田与灰泥田的＜0.01 mm 物理性黏粒、＜0.001 mm黏粒、容重与孔隙度等4项属性因子均呈极显著差异。其中，黄泥田的＜0.01 mm 物理性黏粒、＜0.001 mm 黏粒与容重分别较灰泥田高20.8%、25.6%和12.3%，而孔隙度较灰泥田低19.3%（表2-3）。主要原因是黄泥田熟化程度低，有机质匮乏，土壤黏土矿物以铁铝氧化物和高岭石为主，保留红壤黏重板结特性，故黏粒与容重较高、孔隙度低。

表2-3　黄泥田与邻近灰泥田表层土壤物理性状比较

土壤物理指标	黄泥田	灰泥田	t 检验
物理性黏粒（＜0.01 mm,%）	33.32±5.39	27.58±5.35	5.45**
黏粒（＜0.001 mm,%）	9.08±2.51	7.23±2.16	3.97**
＞0.25 mm 团聚体（%）	73.2±16.7	79.8±9.6	1.92

（续表）

土壤物理指标	黄泥田	灰泥田	t 检验
容重（g/cm³）	1.28±0.16	1.14±0.15	3.82**
孔隙度（%）	49.54±7.71	61.42±5.58	7.50**

三、黄泥田土壤生化特征

从土壤生化性状来看（表2-4），邻近同一微地貌单元发育的黄泥田与灰泥田土壤过氧化氢酶与脲酶含量差异显著，黄泥田过氧化氢酶活性较灰泥田高20.4%，可能是黄泥田有机质较低、矿质养分缺乏、质地偏黏，受环境胁迫，水稻生长过程出现障碍，诱导分泌过氧化氢酶缓解障碍所致；黄泥田的脲酶活性较灰泥田低40.4%，可能与黄泥田氮素等养分缺乏，微生物可利用的底物较少有关。

表2-4　黄泥田与邻近灰泥田表层土壤生化性状

土壤生化指标	黄泥田	灰泥田	t 检验
过氧化氢酶［mL（0.1 mol/L KMnO₄）/g］	0.124±0.044	0.103±0.038	2.36*
磷酸酶［mg（P₂O₅）/100 g］	526.4±276.7	548.6±347.7	0.39
脲酶［mg（NH₃-N）/kg］	6.68±4.73	11.20±6.54	2.85**
转化酶［mL（0.1 mol/L Na₂S₂O₄）/g］	1.16±0.49	0.92±0.36	1.72
微生物量生物量碳（mg/kg）	231.8±133.5	284.6±224.0	1.19

上述可知，与潴育型水稻土灰泥田相比，黄泥田土壤有机质、全量养分与速效养分不足，中微量元素含量较低，其中有效硼含量虽比全国第二次土壤普查全省有效硼平均含量有所提高，但仍低于0.5 mg/kg养分临界值。由于黄泥田黏土矿物多为高岭土、氧化铁铝等，其表面负电荷少，而表面负电荷多的有机胶体含量低，故CEC也较低；同时在强烈的淋溶下，进一步造成富含铁铝的土壤黏瘦、板结，土壤黏粒含量与容重均较高，且土壤过氧化氢酶较高也暗示黄泥田生境不良，存在较多的生化障碍因子，故黄泥田属低肥短效型的中低产土壤。与灰泥田相比，黄泥田土壤pH值呈总体低于灰泥田趋势，这可能影响到黄泥田的硝化特性。相关研究表明，灰泥田较黄泥

田呈现较高的硝化率，这可能与黄泥田 pH 值较低有关（丁洪 等，2003）。

第二节　黄泥田土壤肥力质量评价

一、肥力质量评价因子主成分分析

黄泥田与灰泥田土壤理化、生化性状配对比较表明，二者土壤中有 19 项属性因子指标呈现明显差异，它们构成了黄泥田肥力质量评价的重要数据集，这为针对性改良黄泥田提供了依据。但是，重要数据集之间必然存在复杂的信息关联，且因子数目较多不具有实际操作性，因此有必要通过主成分分析将之转换为少数几个不相关的综合指标。选择主成分分析中特征值≥1 的因素（表 2-5）。特征值≥1 的主成分有 6 个，累积方差贡献率达 76.22%，说明前 6 个主成分基本上反映了黄泥田肥力质量特征。对各变量在各个主成分因子载荷矩阵上进行选取，一般认为系数绝对值在 0.8 以上的初始因子对构成评价因子具有较大的影响，故主成分 1 的孔隙度自然选入，该主成分主要反映土壤物理特征，直接影响土壤的通透性与根系的穿插能力。主成分 2 至主成分 6 的因子载荷大小均小于 0.8，故选择绝对值系数相对较大的因子；主成分 2 选择有效磷，反映土壤速效养分；主成分 3 有效铁因子载荷最大，但亚热带红壤性水稻土有效铁含量丰富，足以供应作物所需，故选择排名第 2 的有效硼因子，主要反映土壤微量元素有效含量；主成分 4 选择交换性镁因子，主要反映土壤中量元素有效含量；主成分 5 选择全钾因子，其与排名第 2、第 3 的全磷、全氮主要反映土壤大量元素养分含量；主成分 6 选择 CEC 因子，CEC 是反映土壤保肥、供肥与缓冲性能的衡量指标，直接影响土壤矿质养分的吸附与交换，进而影响土壤对作物的养分供应，CEC 对于酸性土壤而言，具有综合意义。综上所述，由孔隙度、有效磷、有效硼、交换性镁、全钾、CEC 6 项因子组成的评价因子体系可基本反映 19 项重要因子所构成的土壤肥力质量评价信息。

表 2-5　黄泥田土壤属性主成分因子载荷矩阵、特征值与方差贡献率

土壤质量参数	主成分 1	主成分 2	主成分 3	主成分 4	主成分 5	主成分 6
有机质	0.633	-0.609	0.068	0.109	0.095	0.005

（续表）

土壤质量参数	主成分1	主成分2	主成分3	主成分4	主成分5	主成分6
全氮	0.658	-0.510	0.025	0.027	0.405	0.042
全磷	0.482	0.628	0.117	-0.015	0.414	0.212
全钾	0.315	0.279	-0.124	0.369	-0.535	-0.029
碱解氮	0.625	-0.515	-0.126	0.083	0.136	0.014
有效磷	0.444	0.706	0.033	0.197	0.317	0.062
速效钾	0.400	0.222	0.233	-0.581	0.079	-0.325
交换性钙	0.674	0.358	0.093	-0.210	-0.335	0.079
交换性镁	0.357	0.231	0.414	-0.684	-0.190	-0.106
CEC	0.611	-0.214	0.164	-0.229	0.056	0.502
有效铁	0.074	0.313	0.706	0.368	-0.040	-0.055
有效锌	0.693	0.110	-0.153	0.021	-0.380	0.183
有效硼	0.397	0.194	0.606	0.366	-0.058	0.030
孔隙度	0.832	-0.281	0.135	0.127	-0.113	-0.195
容重	-0.679	0.507	-0.083	-0.215	0.080	0.208
<0.001 mm 黏粒	-0.428	-0.244	0.589	-0.145	0.016	0.392
物理性黏粒	-0.615	-0.258	0.504	0.201	-0.131	0.249
过氧化氢酶	-0.302	-0.128	0.552	0.072	0.144	-0.495
脲酶	0.241	0.655	-0.177	0.283	0.214	-0.050
特征值	5.376	3.199	2.163	1.576	1.159	1.008
方差贡献率（%）	28.30	16.84	11.39	8.30	6.10	5.31
累积方差贡献率（%）	28.30	45.13	56.52	64.81	70.91	76.22

二、黄泥田土壤肥力质量评价最小数据集确定

为了避免评价因子信息重复，对6项候选因子进一步进行相关分析（表2-6），土壤部分因子间存在显著相关性。由于土壤交换性镁是CEC的重要组成部分，且二者具有显著相关性，故排除交换性镁因子。且CEC与有机胶体关系密切，腐殖

质含量高的土壤交换量远高于黏土矿物，故 CEC 也间接反映土壤理化生化特征。孔隙度虽与有效硼、CEC 有显著相关性，但三者分别反映土壤物理特性、土壤化学特性与综合特征，故均予以保留。基于相关分析与专家经验判定，最终确定黄泥田肥力质量评价因子由 CEC、全钾、有效磷、有效硼与孔隙度 5 项因子组成。这 5 项因子基本涵盖了黄泥田黏瘦、磷钾不足等相对重要的障碍特征，它们构成了黄泥田肥力质量评价的最小数据集。

表 2-6　基于主成分分析的黄泥田土壤候选评价因子相关分析

项目	孔隙度	有效磷	有效硼	全钾	CEC
有效磷	0.174	1.000			
有效硼	0.379*	0.347*	1.000		
全钾	0.150	0.242	0.207	1.000	
CEC	0.392*	0.085	0.226	0.116	1.000
交换性镁	0.216	0.102	0.224	-0.027	0.314*

三、黄泥田肥力质量评价

分别对重要数据集因子及最小数据集因子做主成分分析，获得各个指标的公因子方差，利用指标公因子方差所占比例得到各个因子的权重值。结果表明，最小数据集因子 CEC、全钾、有效磷、有效硼和孔隙度的权重值分别为 0.226、0.155、0.212、0.183、0.223，CEC 作为保肥供肥综合性的评价因子其权重值最高。通过隶属函数将各因子指标数据标准化，使各因子指标转化为 0～1 的无量纲值。采取加权指数法计算黄泥田与灰泥田土壤肥力质量指数，分别得到重要数据集土壤肥力质量指数和最小数据集土壤肥力质量指数（图 2-1）。不论是重要数据集还是最小数据集，其土壤肥力质量指数均表现为灰泥田＞黄泥田，黄泥田二者不同数据集计算的土壤质量指数分别相当于灰泥田的 80.8% 与 69.5%。将最小数据集土壤肥力质量指数与重要数据集土壤肥力质量指数进行回归分析，二者呈极显著正相关关系（图 2-2）。说明本研究确定的最小数据集能够较好地代替重要数据集，利用最小数据集能够对黄泥田土壤肥力质量进行科学评价。

土壤肥力是土壤质量的重要组成部分，因而肥力综合评价倍受关注。但由于影

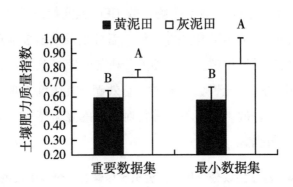

图 2-1　基于重要数据集与最小数据集的黄泥田与灰泥田土壤肥力质量指数

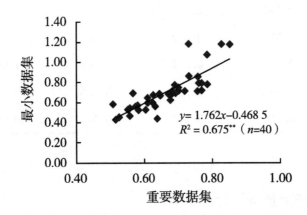

图 2-2　基于重要数据集与最小数据集的土壤肥力质量指数相关性

响其评价方法的主客观因素较多，目前尚缺乏统一的标准。近年来采用数学统计方法对土壤肥力进行数量化评价，取得了一定的效果。评价因子选择是土壤质量评价体系的基础。评价因子选择通常应遵循主导性、差异性、稳定性、定量性、现实性等原则（邢世和，2003）。黄泥田肥力质量评价 MDS 包括 CEC、全钾、有效磷、有效硼及孔隙度等因子，较好地体现了福建省黄泥田与灰泥田的差异性与主导性因素。筛选出的最小数据集均为常规理化指标，检测方便，目标明确，数据集直接或间接涵盖了大中量元素及微量元素，并充分考虑了养分库容（全量养分）与释放强度（速效养分），入选 MDS 的物理指标孔隙度为黄泥田主要障碍因子，为改良培肥及地力提升阐明了方向。值得一提的是，最小数据集并未包含有机质因子，主要原因是 CEC 为土壤保肥供肥性能的综合指标，反映了土壤中有机（有机质含量）和无机成分（黏粒矿物组成和黏粒含量）的共同效应（徐建明 等，2010），本研究条件下 CEC 与有机质二者也存在极显著的相关性（$r = 0.468^{**}$，$n = 40$），因此 CEC 评价因子的信息已涵盖了有机质。至于生化因子中的土壤酶活性最终无一入选 MDS，可能与本研究条件下各土壤酶活性敏感、变幅大、难以稳定反映肥力特征有关，这与一些研究区域将过氧化氢酶等因子纳入 MDS 研究结果不同（贡璐 等，2015）。

　　土壤肥力质量评价因子以及 MDS 的确定通常由数学统计与专家经验等方法确定，如通用的水稻土肥力评价 MDS 包括 pH 值、有机质、黏粒、有效磷、速效钾、容重、CEC，但不同土壤类型、不同利用方式，其构建的土壤质量 MDS 存在明显差异。李桂林等（2008）基于研究区 194 个土壤样点数据，利用方差分析等统计方法确定了苏州市土壤质量评价最小数据集。该研究与先前不同的是将土地利用方式及利用年限作为进入 MDS 的衡量标准之一。张光亮等（2015）对黄河三角洲湿地土壤质量进行评价，采用主成分方法从 14 个土壤理化指标中筛选出全磷、全氮、盐度、铵态氮和全硫，构成最小数据集，用于计算土壤质量综合指数。王飞等（2018）运用主成分等数学统计方法从初选 28 项因子优选 6 项因子（土壤 C/N、细菌数量、微生物生物量氮、还原性物质总量、物理性砂粒、全磷）作为福建冷浸田质量评价因子最小数据集。黄婷等（2010）通过主成分分析并结合 Norm 值（矢量常模）的方法，筛选出活性有机质、全氮、有效磷、速效钾、黏粒、CEC、过氧化氢酶、磷酸酶和转化酶等 12 项指标，建立了黄土沟壑区土壤综合质量评价的最小数据集（MDS）。受制于生态类型、土壤类型及种植制度，土壤肥力质量评价的 MDS 构成不尽相同，甚至差异巨大，具有明显的区域性与生产应用性特点。

　　迄今为止，对土壤质量评价因子指标的划分还没有统一的标准。对参评因素的分级级差应尽量考虑到生物学意义（沈汉 等，2004），传统人为制定各评价因素指标分级标准是一种非此即彼的思想，实际是这一中间过渡中呈现亦此亦彼性，采用模糊数学方法评价各评价因素，可得到科学评价结果（王建国 等，2001）。本研究指标标准化除了应用模糊数学隶属函数外，还采用了简单的线性评分函数，其中对评价因子标准值确定有待进一步明确，这可能影响到评价结果的土壤肥力质量指数，有待进一步深入研究。

第三节　主要结论

　　通过对福建省 20 处典型黄泥田与邻近同一微地貌单元内的高产灰泥田进行配对比较，结果表明，黄泥田与灰泥田的有机质、全氮、全磷、全钾、碱解氮、有效磷、速效钾、CEC、交换性钙、交换性镁、有效铁、有效硼、有效锌等13项化学属性因子含量呈显著或极显著差异，二者<0.01 mm 物理性黏粒、<0.001 mm 黏粒、容重与孔隙度4项物理属性因子指标均呈极显著差异，二者的土壤过氧化氢酶与脲酶活性2项生化因子差异显著。总体而言，与高产灰泥田相比，黄泥田土壤有机质、全量养分与速效养分不足，中微量元素含量较低，CEC 也较低，土壤黏粒含量与容重较高，脲酶活性低而过氧化氢酶活性较高，属低肥短效型中低产土壤。

黄泥田与灰泥田土壤属性比较，19项有显著差异的因子构成重要数据集。用主成分分析方法从中归纳出累计贡献率达76.22%并能反映土壤综合特征的6个主成分，结合相关分析与专家经验法，建立了由 CEC、全钾、有效磷、有效硼、孔隙度等5项因子组成的黄泥田肥力质量评价最小数据集，相应应用加权指数法计算的黄泥田肥力质量指数仅相当于灰泥田的69.5%。通过与重要数据集土壤肥力质量指数进行相关分析，发现最小数据集能够对黄泥田肥力质量进行正确评价。

第三章
黄泥田与灰泥田基础地力差异

我国耕地质量总体不高，中低产田比重大，约40%为中产田，30%为低产田，低产田具有较明显的障碍或限制因子（曾希柏 等，2014）。这很大程度上制约了我国粮食持续增产，并影响"良种良法"潜力的发挥。基础地力是指在特定立地条件、土壤剖面理化性状、农田基础设施建设水平下，经过多年水肥培育后，当季旱地无水肥投入、水田无养分投入时的土壤生产能力（付贡飞，2013）。一般而言，基础地力越高，对作物产量的贡献率越大，产量的稳定性与持续性增加（黄兴成 等，2017）。通过提高农田土壤基础地力，可以实现"藏粮于地"。中低产田的重要特征是其基础地力水平低（张佳宝 等，2011）。黄泥田为南方红黄壤区广泛分布的一类低产田，福建省黄泥田面积约占全省水稻土的30%。一些研究尝试用不同有机肥提高低产黄泥田水稻产量、改良土壤理化性状，如泥炭土、菇渣及生物有机肥可提高黄泥田土壤胡敏酸、胡敏素等含量（胡诚 等，2016）；有机物料与化肥配施提高了水稻产量，增加了土壤团聚体稳定性，其中又以牛粪与化肥配合施用效果最佳（宓文海 等，2016）；化肥配合翻压紫云英可使水稻增产6.5%（王飞 等，2014），不同有机肥种类的培肥效果为秸秆＞猪粪＞绿肥（荣勤雷 等，2014）。然而，中、低产黄泥田的基础地力与自然条件相近的邻近高产田地力的差异缺少定量评价，其导致的水稻养分吸收利用差异的机制也不清楚，影响了对该类稻田的定向改良利用。

在福建省浦城、建阳、建瓯、延平、顺昌、闽清、闽侯、宁化、永安、大田、尤溪、沙县、将乐、周宁、福安、屏南、霞浦、古田、上杭、连城20个县（市）黄泥田主要分布区域采集20对典型黄泥田（属渗育型水稻土）与邻近同一微地貌单元内发育的灰泥田（属潴育型水稻土）表层土壤（0～20 cm）。采集的土壤分别代表福建省常见的氧化型黄泥田（剖面构型 A-Ap-P-C）、以及氧化还原型灰泥田、青底灰泥田、乌黄泥田类型（剖面构型 A-Ap-P-W-C）。黄泥田与灰泥田主要理化性状见表3-1。

采用氮同位素标记法盆栽试验，研究黄泥田与灰泥田基础地力贡献与水稻植株养分吸收利用状况。

表3-1 黄泥田与灰泥田土壤主要理化性状

土壤	pH 值	有机质 (g/kg)	全氮 (g/kg)	全磷 (g/kg)	全钾 (g/kg)	碱解氮 (mg/kg)	有效磷 (mg/kg)	速效钾 (mg/kg)	物理性黏粒 < 0.01 mm (%)	容重 (g/cm³)
黄泥田	5.10± 0.26	25.29± 7.99	1.61± 0.39	0.68± 0.25	14.28± 5.96	126.4± 24.8	22.1± 14.8	50.2± 17.4	33.32± 5.39	1.28± 0.16

（续表）

土壤	pH 值	有机质 (g/kg)	全氮 (g/kg)	全磷 (g/kg)	全钾 (g/kg)	碱解氮 (mg/kg)	有效磷 (mg/kg)	速效钾 (mg/kg)	物理性黏粒 < 0.01 mm (%)	容重 (g/cm³)
灰泥田	5.14± 0.27	31.26± 8.96	1.89± 0.37	0.97± 0.44	19.15± 4.69	153.8± 31.2	51.1± 31.8	82.7± 47.3	27.58± 5.35	1.14± 0.15

第一节　黄泥田和灰泥田基础地力与施肥农学效率差异

一、黄泥田和灰泥田基础地力及其贡献率的差异

黄泥田基础地力经济产量较灰泥田平均低 8.8 g/盆，降幅 26.9%，基础地力地上部生物产量（籽粒+秸秆）较灰泥田低 16.0 g/盆，降幅 23.5%，均达到极显著差异水平（图 3-1a）。基础地力贡献率表现出相似的趋势（图 3-1b），从经济产量来看，灰泥田和黄泥田的水稻基础地力贡献率平均分别为 66.1%和 52.0%，黄泥田较灰泥田低 14.1 个百分点；从地上部生物产量来看，灰泥田与黄泥田的基础地力贡献率平均分别为 65.7% 和 56.0%，黄泥田较灰泥田低 9.7 个百分点，均达到极显著差异水平（$P < 0.01$）。从中可以看出，黄泥田基础地力相对较低，以灰泥田为标准，有 20%以上的产能提升空间。

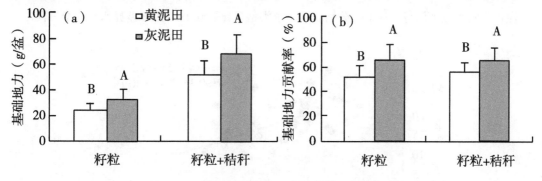

图 3-1　黄泥田与灰泥田基础地力及贡献率

注：基础地力（g/盆）=不施肥的水稻经济产量或生物产量；基础地力贡献率（%）=不施肥水稻产量/施肥水稻产量×100；不同大写字母表示土壤类型差异达到 1%差异水平，全书同。

二、黄泥田和灰泥田施肥农学效率的差异

依据水稻籽粒产量计算（图3-2），灰泥田与黄泥田的水稻施肥农学效率分别为13.2 g/g与17.5 g/g，黄泥田较灰泥田高32.6%，差异极显著（$P<0.01$）；依据地上部生物量（籽粒+秸秆）计算，灰泥田与黄泥田施肥农学效率分别为28.0 g/g与32.5 g/g，黄泥田较灰泥田高16.1%，差异显著（$P<0.05$）。图3-3进一步显示，基础地力籽粒产量与施肥效果呈极显著负相关（$P<0.01$），说明黄泥田的地上部生物量对肥料的依赖程度要高于灰泥田。

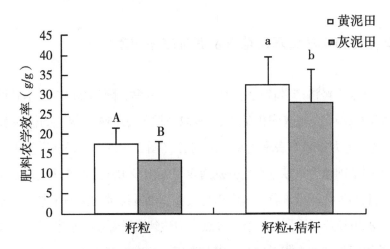

图3-2 黄泥田与灰泥田施肥水稻农学效率

注：不同大写字母与小写字母分别表示土壤类型差异达到1%与5%差异水平，全书同。

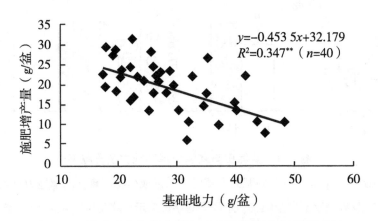

$y=-0.453\,5x+32.179$
$R^2=0.347^{**}$（$n=40$）

图3-3 基础地力籽粒产量与水稻施肥增产量的相关性

第二节 黄泥田和灰泥田水稻养分利用差异

一、黄泥田和灰泥田的水稻经济性状的差异

施肥条件下，黄泥田水稻成熟期有效穗、每穗实粒数与千粒重均较灰泥田有不同程度的降低，其中有效穗较灰泥田降低 1.1 穗/丛（表 3-2），差异显著（$P<0.05$）；从不施肥来看，黄泥田产量性状因子同样均低于灰泥田，其中黄泥田有效穗较灰泥田减少 1.0 穗/丛，千粒重较灰泥田减少 0.53 g，差异均达显著水平（$P<0.05$）。说明不论施肥与否，有效穗是影响黄泥田与灰泥田产量差异的关键性状因子。

表 3-2 黄泥田与灰泥田水稻产量构成

土壤	施肥			不施肥		
	有效穗（穗/丛）	每穗实粒数（粒）	千粒重（g）	有效穗（穗/丛）	每穗实粒数（粒）	千粒重（g）
黄泥田	12.3±2.0 b	110.0±12.6 a	22.65±0.73 a	7.9±1.7 b	96.0±12.1 a	22.44±0.85 b
灰泥田	13.4±2.8 a	118.4±13.4 a	22.82±0.80 a	8.9±2.3 a	97.0±10.9 a	22.97±0.91 a

二、黄泥田和灰泥田水稻成熟期植株养分含量的差异

施肥处理黄泥田水稻籽粒、茎叶与根系的氮素含量均较灰泥田有不同程度降低，但未达到显著差异水平（表 3-3）；不施肥，黄泥田水稻茎叶与根系氮素含量与灰泥田相当，籽粒氮素含量较灰泥田高 9.6%，差异达到显著水平（$P<0.05$）。无论施肥与否，黄泥田水稻籽粒、茎叶和根系的磷素含量均显著低于灰泥田（$P<0.05$）。施肥条件下，黄泥田水稻籽粒、茎叶和根系的磷素含量较灰泥田分别低 9.6%、38.4% 与 46.3%，不施肥条件下三者比灰泥田分别低 10.2%、24.6% 和

40.0%。施肥条件下，黄泥田水稻籽粒、茎叶与根系的钾素含量均低于灰泥田，其中籽粒和茎叶的钾素含量分别较灰泥田低 10.8% 与 18.5%，差异均显著（$P<$ 0.05）；不施肥处理植株钾素表现出类似趋势，其中籽粒、茎叶的钾素含量分别较灰泥田低 12.6% 和 31.8%，差异均显著（$P<0.05$）。

表 3-3　黄泥田与灰泥田水稻植株氮磷钾养分含量

养分	土壤	施肥（g/kg）			不施肥（g/kg）		
		籽粒	茎叶	根系	籽粒	茎叶	根系
N	黄泥田	16.16±2.07 a	9.19±1.19 a	7.02±1.26 a	14.51±0.96 a	7.84±0.93 a	6.47±0.96 a
	灰泥田	16.75±1.06 a	9.77±1.94 a	7.23±1.14 a	13.24±1.05 b	7.66±1.70 a	6.09±1.05 a
P	黄泥田	3.01±0.42 b	1.49±0.59 b	0.95±0.39 b	2.83±0.40 b	1.69±0.71 b	1.08±0.57 b
	灰泥田	3.33±0.47 a	2.42±0.75 a	1.77±1.06 a	3.15±0.39 a	2.24±0.83 a	1.80±0.95 a
K	黄泥田	3.72±0.45 b	11.87±2.26 b	3.47±1.40 a	3.83±0.33 b	10.30±3.37 b	2.07±1.09 a
	灰泥田	4.17±0.36 a	14.57±4.84 a	3.55±1.18 a	4.38±1.15 a	13.58±5.93 a	2.54±1.00 a

三、黄泥田和灰泥田水稻植株养分累积吸收的差异

施肥下黄泥田的水稻籽粒、茎叶的氮素吸收量较灰泥田分别低 10.8% 与 17.3%，差异均显著（$P<0.05$）（图 3-4），不施肥条件下，黄泥田的水稻籽粒与茎叶的氮素吸收量较灰泥田分别低 20.5% 和 21.4%，差异均显著（$P<0.05$）。而无论施肥与否，黄泥田与灰泥田根系氮素吸收累积基本一致。与氮素表现基本一致，施肥条件下黄泥田的水稻籽粒、茎叶与根系的磷素吸收量较灰泥田分别低 12.5%、46.2% 和 50.0%，差异均显著（$P<0.05$），不施肥条件下三者比灰泥田分别低 30.0%、37.5% 与 50.0%，差异均显著（$P<0.05$）。施肥条件下，黄泥田的水稻籽粒与茎叶的钾素吸收量较灰泥田分别低 16.6% 和 28.5%，不施肥条件下二者比灰泥田分别低 35.0% 和 39.5%，差异均显著（$P<0.05$）。说明不论施肥与否，黄泥田的水稻氮磷钾养分吸收累积量均低于灰泥田，不施肥条件下差异尤为明显。

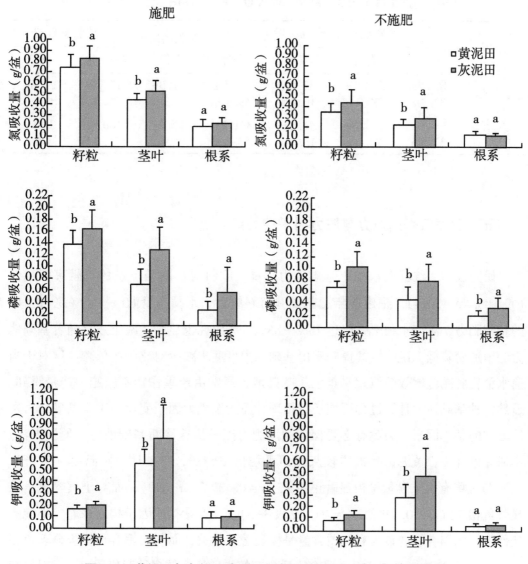

图3-4 黄泥田与灰泥田水稻不同部位施肥氮、磷、钾素吸收量

四、黄泥田和灰泥田水稻氮素利用率与土壤氮残留率的差异

施肥处理黄泥田水稻植株吸收肥料中的氮素较灰泥田低27.6 mg/盆，相应的水稻氮肥利用率较灰泥田低4.6个百分点（表3-4），差异显著（$P < 0.05$）。从土壤氮素残留来看，黄泥田土壤来自化肥氮素的残留较灰泥田增加17.7 mg/盆，土壤氮肥残留率较灰泥田增加3.0个百分点，差异显著（$P < 0.05$）。

表 3-4　不同土壤水稻植株肥料氮吸收量、氮肥利用率及土壤氮素残留率

土壤	肥料氮吸收量（mg/盆）				氮肥利用率（%）	土壤氮素残留	
	籽粒	茎叶	根系	合计		（mg/盆）	（%）
黄泥田	160.2±32.3 a	110.1±24.9 b	43.6±16.7 a	313.9±49.8 b	52.3±8.3 b	178.6±38.8 a	29.8±6.5 a
灰泥田	171.0±32.6 a	124.3±23.6 a	46.2±13.5 a	341.5±53.3 a	56.9±8.9 a	160.9±29.0 b	26.8±4.8 b

五、黄泥田基础地力与肥力因子的关系

研究表明，红壤性水稻土基础地力越高，肥料对早晚稻产量的贡献率就越低（鲁艳红 等，2014）。福建历年肥料试验资料统计，水稻产量 60%～80% 来自土壤的基础肥力，高产水稻土一般达 75%～85%。本研究也显示，施肥效果随着基础地力的增加而降低，说明持续提升稻田基础地力可逐步减少对化肥的依赖，这对于当前水稻化肥减施增效政策意义重大。基础地力通常由单季作物不施肥的产量得到，显然此种基础地力计算过程周期长且烦琐，而土壤肥力因子变化是决定基础地力发展方向的基本因素，为此有必要探索利用肥力因子快速诊断基础地力的便捷方法。本研究条件下，黄泥田有机质较灰泥田平均低 19.1%，基础地力贡献率（经济产量）与土壤有机质含量呈极显著正相关（$r=0.439^{**}$，$n=40$），而与土壤容重呈极显著负相关（$r=-0.423^{**}$，$n=40$，见表 3-5）。从产量构成因子构成来看，不施肥条件下，水稻有效穗数与有机质含量呈极显著正相关，而与土壤容重呈极显著负相关（$r=-0.423^{**}$，$n=40$）。土壤有机质含有植物所需要的多种营养元素，且对培肥地力和改善土壤质量影响重大，是评价土壤质量的主要指标和维持农作物高产、稳产的基础（徐明岗 等，2017）。高基础地力的土壤含有较高的有机质和养分含量，可增加养分的供应能力，从而提高微生物量和活性（Tian et al.，2013）。潮土小麦-玉米轮作的基础地力产量与有机碳库呈显著的正相关，当有机碳库增加 1 t/hm²，冬小麦与夏玉米基础地力产量分别增加 154 kg/hm² 与 132 kg/hm²（Zha et al.，2015），容重与有机质也呈良好的关系，通过有机质调控可有效改善土壤容重（郑存德 等，2013）。从全国来看，我国农田土壤有机质含量总体水平较低，农田耕层土壤有机碳平均含量 10～30 g/kg（Sun et al.，2010），远低于欧、美等发达地区

（25～40 g/kg）（Bond-lamberty et al.，2010）。黄泥田主要分布在山地丘陵、丘陵倾斜平原，普遍存在耕层浅薄、土壤质地黏重、土体通气性差、土壤酸性强、保肥性差等特点（周卫，2015），其土壤有机质含量更为缺乏，是重要的属性障碍，因此通过分析土壤有机质含量可为黄泥田基础地力诊断及改良提供依据。相关研究表明，红壤性水稻土长期施氮磷钾肥或长期氮磷钾肥配施稻草均能提高土壤基础地力，以长期氮磷钾肥配施稻草的效果更显著（廖育林 等，2016）。福建典型黄泥田连续 32 年化肥与牛粪、秸秆还田配施，较单施化肥分别增产 12.6% 与 10.2%（王飞 等，2015）。秸秆还田还可提高黄泥田土壤松结合态腐殖质含量和结合态腐殖质总含量，化肥+油菜秸秆+秸秆腐熟剂是一种良好的低产黄泥田改良措施（胡诚 等，2016）。上述有机无机肥配施措施改善了土壤理化性状，尤其是提高了土壤有机质含量，增强了土壤养分供给的能力，使基础地力逐步提高。由此可见，一方面，土壤有机质含量可作为反映黄泥田基础地力的重要指标，另一方面，南方丘陵山区广泛分布的黄泥田瘠瘦障碍削减应以提升有机质与降低土壤容重为主攻方向，通过持续培肥，逐步提升基础地力。值得一提的是，基础地力由土壤化学、物理与生物因子指标综合构成，并受到气象因子等自然条件的影响，本研究评价了基础地力与主要理化因子的关系，可能还有其他因子的作用与驱动，因此黄泥田基础地力还需多指标因子与多年结果综合分析确定。

表 3-5　基础地力贡献率（y）与土壤理化性状（x）的回归方程

指标（x）	回归方程	R^2
有机质	$y=0.632\ 2x+41.193$	0.193^{**}
全氮	$y=10.43\ 1x+40.813$	0.106^{*}
全磷	$y=0.231\ 8x+58.876$	0
全钾	$y=0.160\ 4x+56.388$	0.005
容重	$y=-34.772x+101.16$	0.203^{**}

六、黄泥田化肥氮素去向与肥料利用率

本研究通过氮同位素示踪与盆栽试验得出，黄泥田与灰泥田水稻氮素利用率分别为 52.3% 和 56.9%，高于一般农田氮肥利用率（赵秉强，2016），主要是由于盆

栽试验没有考虑氮淋溶与径流等去向，而我国农田氮的去向中淋洗损失估计 2%，径流损失估计 5%（朱兆良 等，2013）。如何提高黄泥田氮肥利用率是需要关注的问题。相关研究也表明，随着基础地力的提高，对肥料的依赖越来越少，即地力提升后施用相对较少的肥料就可达到相同的预期产量，即肥田省肥，这意味着在相同的预期目标产量下，提升地力水平可减少化肥用量。值得一提的是，本研究在不同地力水平下施用等量的肥料，尽管黄泥田水稻肥料农学效率更高，但氮同位素示踪表明灰泥田氮肥利用率也显著高于黄泥田，这主要是灰泥田水稻优先吸收了来自肥料中的氮所致（表3-4）。相反，本研究下黄泥田土壤氮肥残留率却高于灰泥田（兰婷 等，2013）。一些研究表明，高基础地力会降低肥料的利用效率（梁涛 等，2018）。这可能与不同背景的土壤理化性状差异有关。有研究表明（贾俊仙 等，2010），高黏粒土壤抑制土壤氮素矿化，同时不同肥力红壤性水稻土氮素矿化作用均随有机质含量升高而增强，黄泥田土质黏重且有机质含量较低，可能延缓了有机氮矿化进程而影响氮素供应与植株养分吸收，同时黄泥田土壤微生物与植株竞争有限肥料氮源暂时固持了更多的氮素于土壤中，难以被单季作物吸收利用，从而影响氮肥利用率，但黄泥田未吸收利用的氮素可能随着硝化作用而导致更多的 $N-NO_3^-$ 淋溶或径流损失，相关研究表明不同肥力土壤施肥对小麦土壤硝态氮的累积不同，中等肥力土壤施入尿素对小麦生育期土壤硝态氮无影响，而低肥力土壤施尿素使土壤硝态氮含量提高了 5.7 倍（邵兴芳 等，2014）。黄泥田施氮肥是否增加了硝态氮的淋溶风险有待结合大田试验做进一步研究。

第三节　主要结论

与邻近同一微地貌单元发育的高产灰泥田比较，黄泥田水稻基础地力经济产量较灰泥田低 26.9%，相应的基础地力贡献率低 14.1 个百分点；基础地力地上部生物产量较灰泥田低 23.5%，相应的基础地力贡献率低 9.7 个百分点。

黄泥田水稻氮肥利用率较灰泥田降低 4.6 个百分点，但氮素土壤残留率增加 3.0 个百分点。

土壤有机质与容重是影响基础地力贡献率与水稻有效穗数的重要肥力因子。提高有机质、降低土壤容重是提升基础地力的主攻方向。

第四章
黄泥田土壤有机碳演变

有机碳是土壤肥力的核心要素，提升农田土壤固碳能力是提高作物产量和产量稳定性的重要途径（Huang et al.，2006）。土壤有机碳在促进土壤结构形成方面发挥重要作用（Zhao，2017），而作为土壤结构的基本单元，团聚体形成过程也是土壤碳固持的重要机制，土壤中大约有90%的有机碳储存在团聚体中（王璐莹 等，2018），对提高土壤肥力以及调节养分供应有重要作用（孟祥天 等，2018；刘哲 等，2017）。然而受气候生态、土壤类型与耕作方式的影响，施肥对土壤固碳能力及团聚体影响，在不同区域研究结果差异较大（徐江兵 等，2007；佟小刚 等，2009；王丽 等，2014；高洪军 等，2019）。目前，长期施肥下有机碳含量低的黏瘦型黄泥田土壤团聚体对有机碳的固持机理尚不明确。加强黄泥田有机碳演变规律研究，可为南方黄泥田培肥模式构建及土壤碳库管理提供依据，对提高耕地质量、保证作物高产稳产具有重要的现实意义。

第一节　土壤有机碳演变

一、长期不同施肥下黄泥田有机碳变化特征

1983—2004年（双季稻年份）各施肥处理有机碳含量呈上升趋势，2005年后改为单季稻后，施肥处理有机碳含量呈下降趋势。CK处理保持平稳。不同处理有机碳含量为NPKM＞NPKS＞NPK＞CK（图4-1、图4-2）。施肥土壤耕层有机碳平

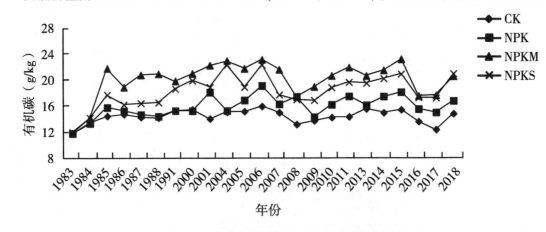

图4-1　长期不同施肥下土壤有机碳变化趋势

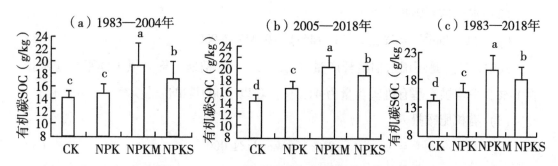

图 4-2 长期施肥对不同处理有机碳含量的影响

注：（a）双季稻年份；（b）单季稻年份；（c）历年平均。

均含量比 CK 处理增加 10.5%～39.0%，NPKM 与 NPKS 处理较 NPK 显著提高，分别为 5.8% 与 14.7%，NPKM 较 NPKS 处理有机碳含量提高 9.7%，差异均达到显著水平（$P < 0.05$）。与试验前土壤相比，经过 35 年的连续施肥，CK、NPK、NPKM 与 NPKS 处理历年土壤有机碳平均含量分别提高 1.8 g/kg、3.3 g/kg、7.3 g/kg 与 5.5 g/kg。这表明长期配施有机物料尤其配施牛粪是提高黄泥田有机碳的重要措施。

二、长期施肥下黄泥田有机碳的固存速率与固存效率

（一）系统有机碳投入量

单季稻年份与双季稻年份土壤有机碳含量变化分别统计，双季稻按 1983—2004 年份、单季稻按 2005—2014 年份统计。

1. 有机碳投入计算

（1）水稻根系与稻茬碳投入

$$C_{input}（t\ C/hm^2）= \left[（Y_{grain}+Y_{straw}）\times 30\% + Y_{straw}\times 16.7\%\right] \times（1-14\%）\times C_{straw}/1\,000 \tag{1}$$

式中，Y_{grain} 为水稻籽粒产量（kg/hm²），Y_{straw} 是水稻秸秆产量（kg/hm²）。本定位试验测定得出水稻留茬平均所占其秸秆生物量的 16.7%；《中国有机肥料养分志》中，水稻地上部分生物量风干基平均含水量为 14%，其烘干基的平均有机碳含量为 41.7%（全国农业技术推广服务中心，1994）。30% 为水稻根系及分泌物所占地上生物量（秸秆和产量）的比例（Li et al.，1994），除以 1 000 是单位的换算。

（2）水稻秸秆碳投入

$$C_{input} \ (t\ C/hm^2) = Y_{straw} \times (1-14\%) \times 0.417/1\ 000 \tag{2}$$

式中，Y_{straw} 是还田水稻秸秆产量（kg/hm²），水稻地上部分风干样平均含水量为 14%，平均烘干基有机碳含量为 41.7%。除以 1 000 是单位的换算。

（3）有机肥碳投入

$$C_{input} \ (t\ C/hm^2) = C_m \times (1-W\%) \times Weight/1\ 000 \tag{3}$$

式中，C_m 是指实测有机肥的有机碳含量（g/kg）；$W\%$ 为有机肥含水量；Weight 为施用有机肥的鲜基重（kg/hm²）。除以 1 000 是单位的换算。

2. 有机碳固存速率

土壤固碳速率反映了某一时间段内土壤有机碳密度相对于时间的变化率，可表示为某一时间段内土壤有机碳密度变化量与时间的比值（董林林 等，2014）：

$$V = (SOCD_a - SOCD_b)/t \tag{4}$$

式中，V 为耕层土壤固碳速率 [t C/（hm²·a）]。t 为施肥试验年限，本研究以每 10 年为评价周期。为减少年际间的有机碳含量波动影响，$SOCD_a$ 取年际内土壤有机碳平均密度，$SOCD_b$ 为初始土壤有机碳密度。V 为正值，表明该系统有机碳密度是增加的，是碳汇，若 V 为负值，表明该系统有机碳密度是减少的，为碳源。耕层土壤有机碳密度计算公式如下：

$$SOCD = (1-\theta\%) \times \rho \times C \times T/10 \tag{5}$$

式中，SOCD 为土壤耕层有机碳密度（t C/hm²）；θ、ρ、C 与 T 分别为粒径＞2 mm 的砾石质量分数（%）、土壤容重（g/cm³）、土壤有机碳含量（g/kg）及耕层厚度（cm）。

（二）长期不同施肥对耕层土壤有机碳库固存的影响

对长期施肥下黄泥田有机碳投入量估算见表 4-1，有机无机肥配施的固碳速率显著高于 NPK 与 CK 处理，其中双季稻年份 NPKM 与 NPKS 处理固碳速率分别是 CK 处理的 2.36 倍与 1.98 倍，是 NPK 处理的 1.59 倍与 1.32 倍（表 4-2）。但各稻作年份 NPK 与 CK 处理间均无显著差异。从中可见单季稻与双季稻下，NPKS 处理的有机碳年投入量最高，二者分别较 NPK 处理提高 118.4% 与 115.2%，其次为 NPKM 处理，二者分别较 NPK 处理提高 97.1% 与 82.1%（表 4-3）。

表 4-1 不同施肥处理有机碳年平均投入量（t/hm²）

处理	双季稻年份	单季稻年份
CK	1.12	0.91
NPK	2.05	1.38
NPKM	4.18	2.55
NPKS	5.01	3.52

注：有机碳投入量包括水稻根系与稻茬碳投入、水稻秸秆碳投入有机肥碳投入。

表 4-2 不同处理对土壤固碳速率的影响 [t/（hm²·a）]

处理	双季稻年份（1983—2004）	单季稻年份（2005—2014）
CK	0.42 b	0.44 d
NPK	0.62 b	0.59 cd
NPKM	0.99 a	1.09 a
NPKS	0.83 a	0.77 b

表 4-3 长期不同施肥处理每年有机碳投入（t/hm²）

处理	双季稻年份	单季稻年份
CK	1.20	0.95
NPK	2.45	1.51
NPKM	4.83	2.75
NPKS	5.35	3.25

施用有机肥可显著增加腐殖质含量，且腐殖质的氧化稳定性（K）降低，而化肥和无肥处理基本一致。有机肥可增加土壤中游离态和钙结合态腐殖质含量，使松结态和紧结态腐殖质的含量增加（关文玲 等，2002），长期单施有机肥或者有机无机配施提高了潴育型水稻土有机碳的芳构化，从而提高抗降解能力（毛霞丽 等，2015）。由于不同施肥处理下形成的土壤有机碳库形态不同，尤其是施用有机肥导致活性碳的增加，直接影响到其矿化与腐殖化功能，进而影响其周转速率与固存速率（周萍 等，2009）。

将双季稻与单季稻年份稻田生态系统的年均有机碳输入与对应的年均有机碳吸存量进行回归分析，二者呈现极显著的幂函数关系（图 4-3）。随着外源有机碳的增加（包括根系、根茬及外源有机物料），土壤有机碳固存呈增加趋势，但有机碳固存效率（ΔSOC 吸存/ΔSOC 输入）则逐渐降低。这表明随着黄泥田土壤有机碳的逐步提高，土壤有机碳固存能力逐渐减弱，要维持有机碳持续提高，需增加外源年均有机碳投入量。进一步分析表明，每年输入 5.29 t/hm² 外源有机碳，约可增加 1 t/hm² 的农田土壤有机碳。

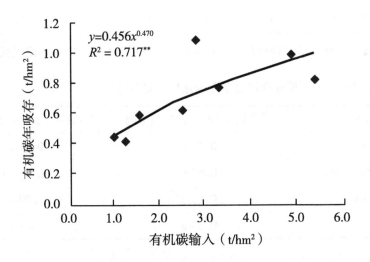

图 4-3　有机碳输入与土壤有机碳吸存的拟合关系（幂函数）

采用对数方程拟合有机碳投入与碳吸存的关系（$y = 0.309 \text{Ln}(x) + 0.456$，$R^2 = 0.64^*$）（图 4-4），维持碳平衡所需碳投入量为 0.23 t/（hm² · a），当前耕作条件下，靠根际沉析与根茬还田足以维持当前土壤有机质。

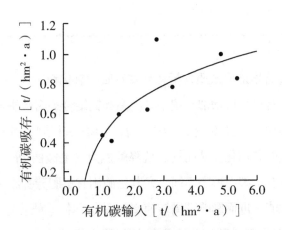

图 4-4　有机碳输入与土壤有机碳吸存的拟合关系（对数函数）

第二节 土壤团聚体有机碳固持及其组分分配特征

一、不同施肥处理对土壤团聚体组成的影响

团聚体的分级采用湿筛法分析。将分级的＞2 mm、0.25～2 mm、0.053～0.25 mm、＜0.053 mm（差减法）4 个粒级分别命名为大团聚体、中间团聚体、微团聚体与粉+黏粒。各施肥处理耕层土壤团聚体组成以大团聚体与中间团聚体为主（图 4-5）。与 CK 处理相比，NPKM、NPKS 处理的大团聚体质量比重分别提高 22.0 和 15.5 个百分点，差异均显著（$P<0.05$），二者比 NPK 处理也分别提高 18.1 和 11.7 个百分点，差异均显著（$P<0.05$）。但与 CK 处理相比，NPKM 与 NPKS 处理的中间团聚体质量比重分别降低 14.3 个与 10.2 百分点，差异均显著（$P<0.05$），与 NPK 处理相比，二者该团聚体质量比重分别降低 13.6 个与 9.5 百分点，差异均显著（$P<0.05$）；不同施肥处理耕层土壤微团聚体质量比重较 CK 处理降低 2.4～6.1 个百分点，以 NPKM 处理降低最为明显。说明长期施肥增加了黄泥田土壤大团聚体的质量比重，而不同程度降低了其他粒级的比

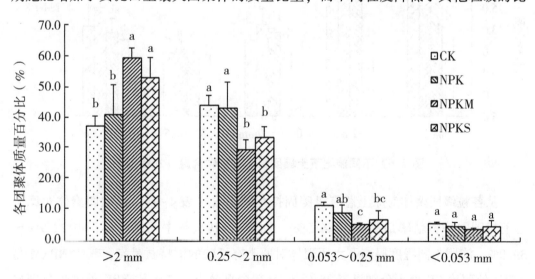

图 4-5 不同施肥下土壤团聚体组成质量比例（2018 年）

重，NPKM 处理表现尤为明显。

二、长期不同施肥各粒级团聚体有机碳固持贡献的差异特征

与 CK 处理相比，各施肥处理的原土有机碳含量增幅 16.9%~43.9%，差异均达显著水平（$P<0.05$）；与 NPK 处理相比，NPKM 与 NPKS 处理的原土有机碳含量分别提高 23.1% 与 12.8%（图 4-6），差异均达显著水平（$P<0.05$）。从各粒级团聚体有机碳含量来看，施肥均不同程度提高了大团聚体、中间团聚体、粉+黏粒有机碳的含量，且在大团聚体中，NPKM 与 NPKS 处理的有机碳含量分别较 NPK 处理提高 42.1% 与 28.3%，差异均显著（$P<0.05$），NPKM 处理的有机碳含量也显著高于 NPKS 处理（$P<0.05$）。从中也可看出，在各粒级团聚体中，大团聚体中有机碳含量相对其他粒级团聚体高，平均含量为其他粒级的 1.3~1.6 倍。说明长期施肥提高了黄泥田耕层原土及各粒级团聚体有机碳水平，NPKM 处理提升尤为明显。

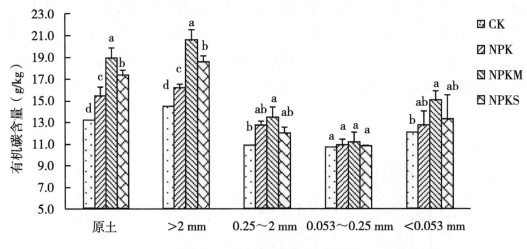

图 4-6　不同施肥下土壤团聚体有机碳含量（2018 年）

从各粒级团聚体对原土总有机碳固持贡献来看（表 4-4），以大团聚体对原土总有机碳固持贡献率最高，占 44.5%~69.5%，其次是中间团聚体，占 22.9%~39.9%。施肥不同程度提高了大团聚体对原土有机碳的固持贡献率，其中 NPKM 与 NPKS 处理比 CK 处理分别提高 25.0 与 19.3 个百分点，二者比 NPK 处理也分别提高 21.8 与 16.1 个百分点，差异均达显著水平（$P<0.05$），而施肥总体降低了中间

团聚体、微团聚体、粉+黏粒三者粒级对原土有机碳的固持贡献。

表4-4　不同施肥下各粒级团聚体对原土有机碳固持贡献率（%）

处理	团聚体			
	>2 mm	0.25~2 mm	0.053~0.25 mm	<0.053 mm
CK	44.5 b	39.1 a	10.5 a	6.0 a
NPK	47.7 b	39.9 a	7.6 ab	4.8 ab
NPKM	69.5 a	22.9 b	3.8 c	3.8 b
NPKS	63.8 a	26.5 b	5.3 bc	4.3 b

注：各粒级团聚体对总有机碳固持贡献率（%）$= \dfrac{SOC_i\ (g/kg)\ \times W_i}{\sum_1^n (SOC_i\ (g/kg)\ \times W_i)}$；

式中，SOC_i 为各粒级有机碳含量，W_i 为各粒级团聚体质量所占比例。

对不同粒级团聚体有机碳含量变化而言，相较于微团聚体，大团聚体中有更多新增加的有机碳和不稳定物质（Elliott，1986），运用^{13}C 示踪法发现大团聚体比微团聚体中含有更多有机碳（Denef et al.，2005）。在旱地红壤团聚体中，有机碳含量随团聚体粒级减小而降低（Jastrow et al.，1996）。大团聚体、中间团聚体、微团聚体这三种团聚体的有机碳含量随粒级减小而降低，但粉黏粒团聚体有机碳含量上升，并高于中间团聚体与微团聚体有机碳含量。相关研究也发现，<0.053 mm 团聚体中有机碳含量最高，这可能是因为<0.053 mm 粒级由粉粒和黏粒组成，具有较大的比表面积和较高的永久表面电荷，能够吸附和稳定有机碳（刘满强 等，2007）。也可能归因于该粒级团聚体黏粒含量较高，在根系和真菌的作用下形成黏合，易与有机碳形成复合体（章明奎 等，2007）。

第三节　土壤团聚体内有机碳组分分配贡献特征

一、长期不同施肥土壤大团聚体内有机碳组分分配贡献的特征

对大团聚体与中间团聚体固持的有机碳进一步进行轻组组分与重组组分分级。称

取不同施肥处理大团聚体与中间团聚体样品各 5.00 g 置于 50 mL 离心管中，加入相对密度为 1.78 g/cm³ 的碘化钠（NaI）重液，振荡 10 min，离心 15 min（3 500 r/min），将含有轻组有机物的上清液倒入 0.45 μm 微孔滤膜中，用蒸馏水冲洗轻组组分（LF）5 次，然后洗入铝盒中，将上述步骤重复 3 次直到重液中无轻组组分为止，轻组组分在 60℃ 下烘干。再用去离子水清洗剩余重组组分（每次 50 mL，3 次），再加入 0.5% 的六偏磷酸钠溶液（HMP）振荡 18 h 进行分散，分散后的重组组分依次倒入 0.25 mm、0.053 mm 筛子，将留在筛子上的 0.25～2 mm、0.053～0.25 mm 团聚体内颗粒有机物在 60℃ 烘干，分别记为团聚体内粗颗粒有机物（CF）和团聚体内细颗粒有机物（FF），通过 0.053 mm 筛子的直接烘干，记为矿物结合态有机碳（mSOC）。将烘干后的 LF、CF、FF 研磨过 100 目筛，用元素分析仪（TruMac CNS Analyzer, LECO, USA）测定其有机碳含量（LF-C、CF-C、FF-C, mSOC）。

在大团聚体内，以 mSOC 组分质量比重最大，占 50.7%～57.7%，FF-C 质量比重最小，占 11.5%～14.1%（图 4-7）；与 CK 处理相比，不同施肥处理的 LF-C 与 CF-C 质量比重有所提升，施肥有降低 mSOC 质量比重的趋势，但差异不显著。施肥总体提高了大团聚体内有机碳各组分含量，与 CK 处理相比，LF-C 含量增幅为 20.7%～32.3%（图 4-8），差异均达显著水平（$P<0.05$），以 NPKS 处理增幅最为明显；CF-C 含量增幅为 29.3%～100.1%，以 NPKM 处理增加最为明

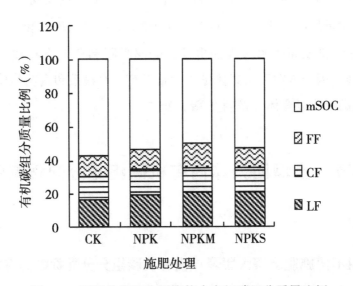

图 4-7 不同施肥下大团聚体内有机碳组分质量比例

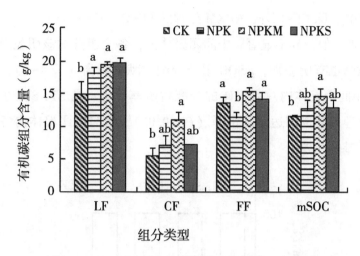

图 4-8　不同施肥下大团聚体内有机碳组分含量

显；NPKM 与 NPKS 处理的 FF-C 含量比 NPK 处理分别提高 34.7% 与 24.8%，差异达显著水平（$P<0.05$）；NPKM 处理的 mSOC 含量也显著高于 CK 处理（$P<0.05$）。大团聚体内 mSOC 组分的有机碳分配贡献率最大，其次是 LF-C 组分（表 4-5）。施肥尤其是 NPKM 处理显著增加各组分有机碳在原土有机碳中所占比例。

表 4-5　不同施肥下大团聚体内有机碳组分分配贡献率（%）

处理	LF-C	CF-C	FF-C	mSOC
CK	9.30 c	2.90 b	6.60 b	25.68 b
NPK	12.91 b	3.98 ab	5.04 b	25.77 b
NPKM	18.23 a	6.62 a	10.15 a	34.53 a
NPKS	18.67 a	5.11 ab	7.65 ab	32.41 a

二、长期不同施肥土壤中间团聚体内有机碳组分分配贡献的影响

中间团聚体内，以 mSOC 组分所占比例最大，FF-C 组分所占比例最小（图 4-9），这与大团聚体内的上述两种有机碳组分质量比重分布趋势基本一致；与 CK 处理相比，施肥不同程度提高了 LF-C 与 CF-C 组分质量比重，其中 NPKS 处理的 LF-C 组分质量比重显著高于 CK 与 NPK 处理（$P<0.05$）。从有机碳各组分含量

来看（图4-10），除CF-C外，NPKM处理的LF-C、FF-C与mSOC含量均不同程度高于CK处理，但差异不显著。中间团聚体内，各个组分对该团粒土壤总有机碳含量的分配贡献也有所差别，mSOC组分分配贡献率最高（表4-6），施肥提高了LF-C组分对中间团聚体内总有机碳的分配贡献率，尤其是NPKS处理，该处理与CK及NPK处理差异也均达显著水平（$P<0.05$），这与大团聚体内各有机碳组分分配贡献表现基本一致。

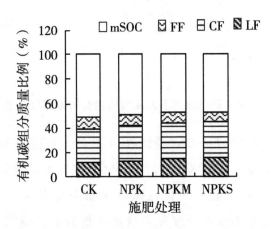

图4-9　不同施肥下中间团聚体内有机碳组分质量比例（2018年）

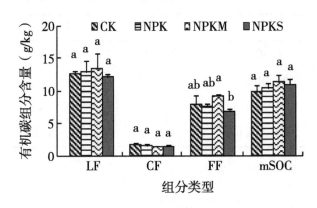

图4-10　不同施肥下中间团聚体内有机碳组分含量（2018年）

中间团聚体中各组分对原土总有机碳含量的分配贡献也有所差别，mSOC组分分配贡献率最高（表4-6），对原土有机碳贡献率14.3%～26.2%。与CK相比，NPKM与NPKS处理降低了中间团聚体内各组分对原土有机碳固持的贡献率。

表4-6　不同施肥下中间团聚体内有机碳组分分配贡献率（%）

处理	LF-C	CF-C	FF-C	mSOC
CK	7.7 a	2.3 a	4.0 a	25.1 a
NPK	8.0 a	2.2 a	3.4 ab	26.2 a
NPKM	5.1 c	1.1 b	2.4 ab	14.3 c
NPKS	6.3 b	1.4 b	1.9 b	16.9 b

相关研究表明，有机肥和秸秆还田与化肥配合施用是提高南方双季稻田土壤活性有机碳组分和水解酶活性的有效措施（石丽红 等，2021），轻组有机碳（LF-C）属于活性有机碳，具有较强的生物活性，对土壤养分的积累、肥力的调节等起着重要作用。5 年定位试验表明，与常规施肥相比，紫云英、秸秆、商品有机肥、紫云英+商品有机肥处理的稻田土壤 LF-C 含量分别提高 30.7%～98.7%（俞巧钢 等，2017）。一方面，长期有机无机肥配施影响黄泥田土壤团聚体内轻组有机碳组分变化，尤其是 NPKS 处理，其明显促进了大团聚体内轻组有机碳的分配贡献。另一方面，重组有机碳作为土壤稳定的碳库，对于维持团聚体结构具有十分重要的意义。重组有机碳主要由高度分解后的物质组成，其所占比重较大，分解速率缓慢（Malhi et al.，2007）。本研究条件下，与单施化肥相比，无机肥和有机肥配施显著增加大团聚体中重组矿物结合态有机碳（mSOC）对原土有机碳固持贡献率，而降低中间团聚体中各组分对原土有机碳固持贡献率，这可能与有机无机肥配施处理降低原土中间团聚体质量比重有关。

三、团聚体有机碳及其组分含量与有机碳投入以及水稻产量的关系

水稻产量与原土总有机碳含量、大团聚体有机碳含量以及该团聚体内的 LF-C 均呈极显著正相关（$P < 0.01$），也与大团聚体内的 CF-C 组分含量呈显著正相关（$P < 0.05$），原土总有机碳含量、大团聚体有机碳含量以及该粒级的 LF-C 含量与有机碳投入量也均呈极显著正相关（$P < 0.01$）（表4-7）。对中间团聚体而言，水稻产量与中间团聚体有机碳呈显著正相关（$P < 0.05$），但与中间团聚体有机碳组分相关性不明显。上述结果表明，大团聚体有机碳含量及该团聚体内的轻组组分含量、黄泥田有机碳投入以及生产力关系密切。

究其原因，有机质不仅是一种稳定而长效的碳源物质，而且它几乎含有作物所

需要的全部养分。有机质增加，一方面直接补充了土壤营养物质，有效且全面供给了作物生长；另一方面，改善了土壤理化、生化性状，提升了作物生长的微生态条件，包括化肥和稻草长期配合施用能显著提高大团聚体内有机碳、氮的含量和储量，有利于改善土壤团粒结构（向艳文 等，2009），施用有机肥能促进土壤大团聚体内微团聚体形成，从而使更多新添加的颗粒有机物被新形成的微团聚体固定，而施用化肥对土壤大团聚体内微团聚体形成促进作用较弱，且易致使土壤板结（朱利群 等，2012）。此外，施有机肥增加了土壤微生物生物量，使其在生育前期固定了较多的矿质氮，以供给水稻生育后期生长，从而能较好地满足水稻各阶段生长对氮素养分的需求（Chakraborty et al.，2011；刘益仁 等，2012）。

表4-7 水稻产量、有机碳投入与团聚体有机碳组分含量的相关性（r）

类型	组分	籽粒产量	稻秸产量	有机碳投入
原土	—	0.89**	0.91**	0.78**
各粒级团聚体	>2 mm	0.84**	0.84**	0.77**
	0.25~2 mm	0.64*	0.61*	0.28
	0.053~0.25 mm	0.31	0.40	0.18
	<0.053 mm	0.45	0.53	0.38
大团聚体内	LF-C	0.88**	0.87**	0.78**
	CF-C	0.63*	0.71**	0.43
	FF-C	0.25	0.26	0.50
	mSOC	0.58*	0.58*	0.44
中间团聚体内	LF-C	-0.06	0.17	-0.01
	CF-C	-0.56*	-0.53	-0.34
	FF-C	0.20	0.16	-0.12
	mSOC	0.45	0.57*	0.49

第四节　土壤有机质提升技术及其应用

一、长期施肥土壤有机质提升的产量效应

经过32年的连续施肥，不同施肥处理水稻的籽粒产量发生了明显的变化（表4-8）。从双季稻年份（1983—2004年）来看，NPK、NPKM与NPKS处理分别

较 CK 处理提高 83.7%、106.8% 与 100.9%，NPKM 与 NPKS 处理分别比 NPK 处理提高 12.6% 与 9.3%，均达到显著差异水平，但 NPKM 与 NPKS 处理二者无显著差异；对单季稻年份（2005—2015 年）而言，NPK、NPKM 与 NPKS 处理分别较 CK 提高 45.4%、63.1% 与 62.3%，NPKM 与 NPKS 处理分别比 NPK 处理提高 12.2% 与 11.6%，差异均显著，但 NPKM 与 NPKS 处理二者同样无显著差异。综合历年平均来看，NPK 处理，平均产量为 6 014.6 kg/hm²，较 CK 处理提高 67.1%，差异显著，NPKM 与 NPKS 处理则分别为 6 772.7 与 6 630.5 kg/hm²，分别比 CK 处理提高 88.1% 与 84.2%，分别比 NPK 处理提高 12.6% 与 10.2%，差异均显著，但 NPKM 与 NPKS 处理二者间无显著差异。在双季稻年份，施肥增产率随着试验年际的延长呈稳步上升趋势，而到单季稻年份，施肥增产率明显降低。说明双季稻年份施肥增产率要明显高于单季稻年份。这可能与单季稻年份，随着年际稻作次数的减少，不施肥处理地力消耗得到一定缓解有关。各处理籽粒产量随着施肥年限的增加呈先下降后上升的抛物线趋势，进一步分析显示，各处理的产量与试验年份均可用一元二次方程进行拟合，各拟合方程均达到显著水平。

表 4-8　长期施肥下水稻籽粒产量

| 处理 | 1983—1987 年 | | 1988—1992 年 | | 1993—1997 年 | | 1998—2004 年 | | 2005—2015 年 | |
	产量（kg/hm²）	±%	产量（kg/hm²）	±%	产量（kg/hm²）	±%	产量（kg/hm²）	±%	产量（kg/hm²）	±%
CK	3 856 c	—	3 153 c	—	2 851 c	—	2 123 c	—	5 102 c	—
NPK	5 837 b	51.4	5 913 b	87.6	5 642 b	97.9	4 391 b	106.7	7 417 b	45.4
NPKM	6 297 a	63.3	6 451 a	104.6	6 257 a	119.5	5 345 a	151.7	8 321 a	63.1
NPKS	5 937 ab	54.0	6 555 a	107.9	6 107 a	114.2	5 107 a	140.5	8 281 a	62.3

为消除气候条件、灌溉、土壤性质及栽培措施对有机碳及产量的影响，将各年份施肥处理水稻产量与有机碳含量分别减去对应年份的 CK，得到不同施肥处理水稻产量变化（净产量）与有机碳（净有机碳）的回归分析，施肥土壤有机碳变化含量（x）与产量变化（y）可用线性方程拟合（图 4-11，$n = 60$，$R^2 = 0.317\ 3^{**}$），由该模型进一步计算出，在该区域常规耕作模式下土壤有机碳每增加 1 g/kg，产量可增加 202.18 kg/hm²。这为黄泥田定向培肥提升产量提供了依据。

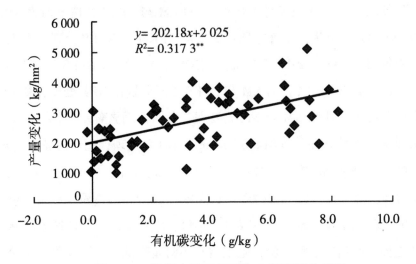

$y= 202.18x+2\,025$
$R^2= 0.317\,3^{**}$

图4-11 施肥土壤有机碳与水稻产量的关系

二、土壤有机质提升的技术原理及应用

红壤性水稻土有机质提升技术基于两个原理：①有机碳固存对碳投入的响应，外源有机碳投入 5.29 t/hm^2，可增加 1 t/hm^2有机碳；②产量对有机碳增加的响应，即每增加 1 g/kg 有机碳，每公顷增加产量 202 kg。

以黄泥田单季稻单产 7 500 kg/hm^2计，有机碳提高 1 g/kg，可增产2.7%。以增产5%～8%目标，有机碳需提高 1.9～3.0 g/kg，有机碳贮量需增加 4.4～7.2 t/hm^2，有机物料需投入 23.2～37.9 t/hm^2，设计 10 年培肥期限，每年需投入碳 2.32～3.79 t/hm^2，化肥处理每年根茬还田 1.51 t/hm^2，故需每年净投入碳 0.81～2.28 t/hm^2，换算为干牛粪为每年 3.0～8.4 t/hm^2，进一步换算为湿牛粪为每年施用 12～33 t/hm^2。未来 10 年模拟分别增产5%、10%与15%时，有机碳提升量及每年所需秸秆或有机肥投入量（表4-9），在增产 10% 目标下，每年需投入 5.88 t/hm^2的秸秆，这相当于当前单施化肥收获水稻秸秆的 1.5 倍，或投入 10.72 t/hm^2的风干牛粪，这相当于当前配施牛粪水平的 3 倍。

表4-9 黄泥田水稻产量与有机质提升所需外源有机物料投入量

参数	初始	增产5%	增产10%	增产15%
产量（t/hm^2）	7.500	7.875	8.250	8.625

（续表）

参数	初始	增产5%	增产10%	增产15%
有机碳（g/kg）	12.5	14.35	16.2	18.06
SOC储量（t/hm²）	30	34.44	38.88	43.34
培肥期限（年）		10	10	10
提升SOC储量（t/hm²）		0.444	0.888	1.334
需投入碳量（t/hm²）		0.941	4.111	9.767
水稻根系与根茬碳投入（t/hm²）		1.51	1.661	1.736
需额外投入碳量（t/hm²）			2.45	8.031
需投入风干水稻秸秆（t/hm²）			5.88	19.26
或需投入风干牛粪有机肥用量（t/hm²）			10.72	35.13

第五节　主要结论

经过35年的连续施肥，CK、NPK、NPKM与NPKS处理历年土壤有机碳平均含量分别提高1.8 g/kg、3.3 g/kg、7.3 g/kg与5.5 g/kg。表明长期配施有机物料尤其配施牛粪是提高稻田有机碳的重要措施。

南方黄泥田化肥配施有机肥或配合秸秆还田较单施化肥稳步提升水稻产量。长期不施肥土壤有机碳仍可维持低量幅度增长，随着土壤有机碳含量升高，固碳效率逐步降低。化肥配施有机肥或配合秸秆还田较单施化肥明显提高了土壤的固碳速率，二者均是提高黄泥田生产力与固碳能力的双赢措施。

施肥显著提高了大团聚体内轻组有机碳组分含量，尤其是无机肥配施秸秆和无机肥配施牛粪处理。大团聚体有机碳含量及其轻组有机碳含量与有机碳投入量及水稻产量关系密切，是南方黄泥田生产力的关键指示。

第五章
黄泥田土壤氮素演变

　　氮是陆地生态系统初级生产力最重要的限制因子（Azeez et al.，2010），在土壤中主要以有机氮形态存在，占全氮的90%以上（张玉玲 等，2012）。大部分有机氮需经矿化作用才能转化为可被植物吸收利用的无机氮，而作为土壤有机氮的重要化学形态，有机氮组分是确定土壤氮素生物有效性潜力的重要指标（Xu et al.，2003）。南方红壤发育的黏瘦型中低产田比重大，供氮不足，而团聚体在维持土壤肥力与生产力方面发挥着重要作用。因此，深入研究长期施肥下土壤团聚体有机氮累积及组成可为稻田土壤定向培肥及氮肥高效管理提供依据，对农业生产具有重要意义。借助南方典型黄泥田长期定位试验，采用湿筛和 Bremner 有机氮分级方法，从团聚体角度解析红黄壤区中低产黄泥田长期不同施肥下氮素累积和有机氮组分变化特征，阐明长期施肥对土壤团聚体氮素累积和有机氮组成以及氮有效性的影响。

　　土壤可溶性有机氮（SON）是土壤氮库中最为活跃的组分之一（Murphy et al.，2000）。一是，SON 能够直接被植物根系吸收或在微生物作用下矿化为无机氮而被植物吸收（周碧青 等，2017）；二是，SON 的移动性强，易随降水和流水进入水体从而影响水质，是土壤氮素流失的主要形态之一（Quan et al.，2014）。土壤 SON 的存在形态及其含量是影响土壤氮素有效性的重要因子（王克鹏 等，2009），也是导致流域水体富营养化的重要成分（Perakis et al.，2002）。农田土壤 SON 的组成较为复杂，以小分子游离氨基酸为主（Holst et al.，2012；周碧青 等，2015）。Murphy et al.（2000）认为农田土壤游离氨基酸含量很低，仅占 SON 的3%，氨基糖和杂环氮化合物占 SON 的15%，其余为含氨基化合物。国内外有关土壤 SON 组成的研究不多，结论也不尽相同，且由于分析手段的限制，主要集中于小分子氨基酸组分的研究，而对 SON 其他成分（尤其是大分子 SON）的研究少见报道。以亚热带地区长期定位试验区为研究对象，分析长期不同施肥处理下水稻土 SON 含量和组成变化特征及其差异，通过结构方程模型探讨产生差异的影响因素，为阐明水田生态系统 SON 的化学本质和生态功能提供科学依据。

第一节　土壤全氮演变与相关氮素因子变化

一、耕层全氮动态变化

历年不同处理土壤全氮含量排序为 NPKM＞NPKS＞NPK＞CK（图5-1）。施肥耕层土壤全氮平均含量比 CK 处理显著增幅 20.8%～44.1%，NPKM 与 NPKS 处理也分别较 NPK 处理显著提高 19.3% 与 12.1%，NPKM 较 NPKS 处理全氮含量提高 6.0%，差异均显著。表明牛粪和化肥长期配施是提高黄泥田土壤全氮含量的有效措施。

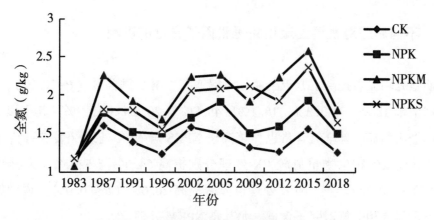

图 5-1 长期施肥下土壤全氮含量演变

二、水稻产量与耕层土壤总氮含量之间的关系

为消除气候条件、灌溉、土壤性质及栽培措施对有机碳及产量的影响，将历年施肥处理的水稻产量与总氮含量分别减去对应年份的 CK，得到施肥变化产量（净产量）与变化总氮含量。如图 5-2 所示，施肥土壤总氮变化含量（x）与产量变化（y）可用线

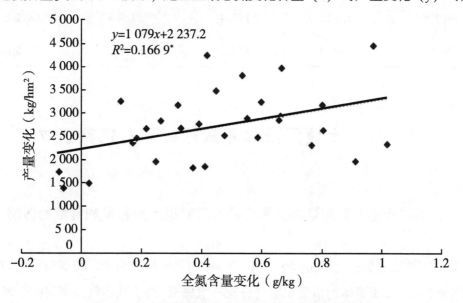

图 5-2 水稻产量变化与土壤全氮含量变化拟合模型

性方程拟合（$n=30$），由该模型进一步计算，该区域耕作水平下施肥土壤总氮增加 0.1 g/kg，产量可增加 107.9 kg/hm²。说明提高土壤全氮含量对提升黄泥田产量水平作用明显。

三、不同施肥对耕层土壤相关氮素因子含量的影响

长期施肥均显著提高了原土全氮、碱解氮与可溶性氮含量（$P<0.05$），较 CK 处理分别增幅 18.9%～43.3%、16.1%～45.8% 与 20.6%～35.7%，其中以 NPKM 处理增加最为明显，其全氮含量也显著高于 NPKS 与 NPK 处理（表5-1）；NPKM 与 NPKS 处理微生物生物量氮较 CK 处理分别提高 54.0% 与 52.7%，差异均显著（$P<0.05$），NPKM 处理较 NPK 处理也显著提高 26.6%（$P<0.05$）。说明施肥提高了原土全氮等相关氮素因子含量，尤其是 NPKM 处理。

表5-1　不同施肥下耕层土壤相关氮素因子含量（2018 年）

处理	全氮 （g/kg）	碱解氮 （mg/kg）	可溶性氮 （mg/kg）	微生物生物量氮 （mg/kg）
CK	1.27 d	124.9 c	61.1 b	44.2 c
NPK	1.51 c	144.9 b	73.7 a	53.8 bc
NPKM	1.82 a	182.1 a	82.9 a	68.1 a
NPKS	1.66 b	159.2 b	82.2 a	67.5 ab

第二节　土壤团聚体氮素累积和有机氮组成

一、不同施肥对各团聚体全氮含量及其对原土全氮累积贡献的影响

黄泥田耕层土壤以＞2 mm 和 0.25～2 mm 团聚体组成为主。长期施肥增加了黄泥田土壤＞2 mm 团聚体的质量比重（详见有机碳章节）。从各粒级团聚体全氮含量来看，施肥处理＞2 mm、0.25～2 mm 和＜0.053 mm 团聚体全氮含量分别比 CK 处

理提高 12.7%~51.9%、21.4%~39.2% 和 4.3%~27.5%，其中 NPKM 处理全氮含量最为显著（$P<0.05$，见图 5-3），各处理 0.053~0.25 mm 团聚体全氮含量无显著差异。

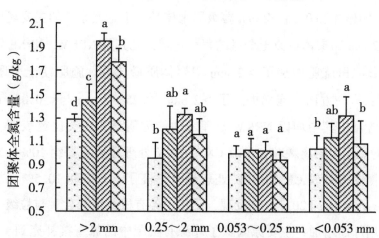

图 5-3　不同施肥下土壤各粒级团聚体全氮含量（2018 年）

从各粒级团聚体对原土全氮累积贡献率来看（表 5-2），以 >2 mm 团聚体对原土全氮累积贡献最高，占 44.5%~69.2%，其次是 0.25~2 mm 团聚体，占 27.0%~40.7%，说明 >2 mm 和 0.25~2 mm 团聚体是土壤全氮累积的主要形态。从中可看出，各施肥均增加了 >2 mm 团聚体对原土全氮的累积贡献，尤其是 NPKM、NPKS 处理，分别较 CK 处理提高 24.7 和 20.0 个百分点，也显著高于 NPK 处理（$P<0.05$）；与 CK 处理相比，施肥处理不同程度降低了 0.25~2 mm、0.053~0.25 及 <0.053 mm 团聚体对原土全氮累积贡献，其中 NPKM 处理分别降低 15.0、7.5 与 2.2 个百分点，NPKS 处理分别降低 11.7、6.3 与 2.0 个百分点，差异均显著（$P<0.05$）。

表 5-2　不同施肥下各粒级团聚体对原土全氮累积贡献率（%，2018 年）

处理	>2 mm	0.25~2 mm	0.053~0.25 mm	<0.053 mm
CK	44.5 b	38.7 a	11.1 a	5.8 a
NPK	46.7 b	40.7 a	7.9 ab	4.7 ab

（续表）

处理	>2 mm	0.25~2 mm	0.053~0.25 mm	<0.053 mm
NPKM	69.2 a	23.7 b	3.6 c	3.5 b
NPKS	64.5 a	27.0 b	4.7 bc	3.8 b

>2 mm 团聚体和 0.25~2 mm 粒级团聚体是原土全氮累积的主要场所，各施肥均增加了>2 mm 团聚体对原土全氮的累积贡献，尤其是 NPKM、NPKS 处理。这主要是一方面黄泥田施肥增加了>2 mm 团聚体质量比重，施肥使土壤团聚体组成"大的更大"；另一方面，施肥提高了>2 mm、0.25~2 mm 与<0.053 mm 粒级团聚体的全氮含量，其中均以 NPKM 处理增加最为明显。相关研究表明，NPKM 和 NPKS 处理的黑土粗游离颗粒含量较 CK 和 NPK 处理显著提高约 10%，NPKM 处理的土壤肥料氮固持量较 CK 和 NPK 处理显著提高了 6.0% 和 10.5%（杨洪波 等，2018）。Nguyen et al.（2011）也发现，总氮、各有机氮组分含量与粒级一般随着有机肥用量的增加而增加，主要原因除了外源有机肥中的氮直接补充到土壤氮库外，施肥尤其是有机无机肥配施提高了作物产量，增加了根际沉析，同时外源有机肥料的增加提高了土壤有机质含量，相应提高了土壤微生物活性，促进其对土壤氮的利用与固持，进而增加了各团聚体的氮含量。

施肥增加了>2 mm 团聚体（大团聚体）的原土全氮累积贡献，这对农业生产具有现实意义。不同粒级团聚体对于土壤氮素的储存、转化和供应作用不同（陈恩凤 等，1984，2001），氮素的转化周期在粉黏粒、微团聚体和大团聚体中分别为 2.61、9.30 和 24.1 个月（Kong et al.，2007）。土壤大团聚体的氮转化周期相对较长，黄泥田不同施肥尤其是有机无机肥配施通过增加大团聚体质量比重与全氮含量，既增加了氮素库容与供氮潜力，又延长了氮供应周期，有利于氮素养分对作物的长效与均衡供给。

二、不同施肥对团聚体酸解性氮和非酸解性氮含量及其全氮累积贡献的影响

施肥提高了>2 mm 团聚体酸解性氮与非酸解性氮含量，分别较 CK 处理增幅 10.1%~36.3% 与 20.7%~100.5%，除 NPK 处理的非酸解性氮含量外，差异均显著（表 5-3）；施肥也在一定程度上提高了 0.25~2 mm 团聚体酸解性氮与非酸解性氮含

量，其中 NPKM 处理的非酸解性氮含量较 CK 处理提高 139.1%，差异显著（$P<$
0.05）；不同处理 0.053～0.25 mm 与＜0.053 mm 团聚体的酸解性氮与非酸解性氮含
量均无显著差异。上述结果说明，施肥主要影响＞2 mm 团聚体中的酸解性氮含量与
非酸解性氮含量，其次是 0.25～2 mm 团聚体，这与施肥对各粒级团聚体全氮含量影
响趋势基本一致，说明不同有机物质投入对＞2 mm 团聚体氮组分影响不同。与 NPK
处理相比，NPKM 处理的＞2 mm 团聚体酸解性氮含量增加占该粒级全氮增加的
50.4%，非酸解性氮增加占全氮增加的 49.6%，而 NPKS 处理的酸解性氮含量增加仅
占该粒级全氮增加的 22.5%，但非酸解性氮增加占全氮增加的 77.5%，说明＞2 mm
团聚体中，相较于 NPKM 处理，NPKS 处理更有利于非酸解性氮的累积。

表 5-3　不同施肥团聚体酸解性氮和非酸解性氮含量及其对原土全氮累积贡献（2018 年）

团聚体粒级	处理	酸解性氮 （g/kg）	氮累积贡献 （%）	非酸解性氮 （g/kg）	氮累积贡献 （%）
>2 mm	CK	0.969 c	33.6 c	0.316 b	10.9 b
	NPK	1.067 b	34.8 bc	0.381 b	12.0 b
	NPKM	1.321 a	47.0 a	0.631 a	22.1 a
	NPKS	1.140 b	41.5 ab	0.634 a	23.0 a
0.25～2 mm	CK	0.793 a	32.1 a	0.160 b	6.6 a
	NPK	0.933 a	31.1 a	0.267 ab	9.5 a
	NPKM	0.943 a	16.8 b	0.383 a	6.9 a
	NPKS	0.844 a	19.6 b	0.312 ab	7.4 a
0.053～ 0.25 mm	CK	0.731 a	8.2 a	0.262 a	2.9 a
	NPK	0.795 a	6.1 ab	0.23 a	1.7 b
	NPKM	0.796 a	2.8 c	0.223 a	0.8 d
	NPKS	0.708 a	3.5 bc	0.233 a	1.2 c
<0.053 mm	CK	0.754 a	4.2 a	0.281 a	1.6 a
	NPK	0.796 a	3.3 a	0.336 a	1.4 a
	NPKM	0.977 a	2.6 a	0.343 a	0.9 a
	NPKS	0.785 a	2.8 a	0.295 a	1.0 a

从各粒级团聚体酸解性氮与非酸解性氮的原土全氮累积贡献来看，土壤中各粒

级团聚体有机氮组分主要以酸解性氮形态存在。施肥均不同程度提高了＞2 mm 团聚体酸解性氮与非酸解性氮对原土全氮累积贡献，NPKM 与 NPKS 处理增加尤为明显（$P<0.05$），其中 NPKM 处理较 CK 处理分别增加 13.4 与 11.2 个百分点，NPKS 分别增加 7.9 与 12.1 个百分点，但施肥总体降低了 0.25～2 mm 与＜0.053 mm 团聚体酸解性氮及非酸解性氮对原土全氮累积贡献，尤其是 NPKM 与 NPKS 处理，不同处理＜0.053 mm 团聚体酸解性氮的原土全氮累积贡献无显著差异。

施肥提高了＞2 mm 团聚体酸解性氮与非酸解性氮含量及对原土全氮的累积贡献。原因可能是施肥提高了水稻产量，根茬还田量增加，同时，有机物质的投入（NPKM、NPKS）进一步提高了有机氮组分含量与对原土全氮累积贡献，可能是根茬、秸秆中木质素、纤维素和半纤维素等难矿化有机质，施入土壤后提高了土壤重组分有机质含量（Angelidaki et al.，2000；Gong et al.，2009）。另外，畜禽粪便类有机肥显著提高了土壤氨基酸、脂肪酸和蛋白质含量（Mao et al.，2008），因此，土壤有机氮的组成趋向多元化。同时，施肥增加了＞2 mm 团聚体的质量比重，导致易矿化的酸解性氮与难矿化的非酸解性氮含量以及对原土全氮累积贡献均同步增加。两种有机物料投入下有机氮组分增加幅度不同，相较于 NPKM 处理，NPKS 处理更有利于非酸解性氮的累积，这可能与外源有机肥料 C/N 比不同，影响土壤微生物"矿化-同化"过程，进而改变有机氮组分结构（张玉树 等，2014）。另外，不同有机肥源有机氮化物本身热力学的不同，也可导致有机物质的生物可利用性差异（Stegen et al.，2018），但具体机制有待进一步研究。

三、不同施肥对团聚体酸解性氮组分含量及其对原土全氮累积贡献的影响

对团聚体酸解性氮组分进一步分析可知（表5-4），施肥均不同程度提高了＞2 mm 团聚体中酸解氨态氮含量，较 CK 处理增幅 17.2%～40.4%，差异均显著（$P<0.05$），以 NPKM 处理增加最为明显；各处理酸解氨基糖态氮无显著差异；施肥处理的酸解氨基酸态氮、酸解未知态氮含量较 CK 处理均有不同程度增加，前者以 NPKS 处理增幅最为明显，较 CK 与 NPK 处理分别提高 24.0% 与 24.3%，差异均显著（$P<0.05$），后者以 NPKM 处理最为明显，较 CK 与 NPK 处理分别提高 52.1% 与 31.2%，差异均显著（$P<0.05$）。不同处理 0.25～2 mm 与 0.053～0.25 mm 团聚体的有机氮各组分含量均无显著差异；＜0.053 mm 团聚体中，施肥处理酸解氨基糖态氮含量较 CK 处理均有所增加，其中以 NPK 处理增加最为明显，差异显著（$P<0.05$）。

　　不同施肥处理各粒级团聚体酸解性氮组分对原土全氮累积贡献均以酸解未知态氮最高（表5-4）。有机物料的投入（NPKM与NPKS）均不同程度提高了＞2 mm团聚体酸解氨态氮、酸解氨基酸态氮与酸解未知态氮对全氮累积贡献。其中NPKM处理的酸解氨态氮与酸解未知态氮对全氮累积贡献显著高于CK与NPK处理（P＜0.05），NPKS处理的酸解氨态氮、酸解氨基酸态氮也显著高于CK与NPK处理（P＜0.05），而对于其他三个粒级团聚体而言，NPKM与NPKS处理上述三者有机氮组分对全氮累积贡献均不同程度低于NPK和CK处理。不同处理各粒级团聚体酸解氨基糖态氮的全氮累积贡献均无显著差异。

表5-4　不同施肥下团聚体酸解性氮组分含量及其对原土全氮累积贡献

| 团聚体粒级 | 处理 | 酸解性氮组分含量（g/kg） | | | | 氮累积贡献（%） | | | |
		酸解氨态氮	酸解氨基糖态氮	酸解氨基酸态氮	酸解未知态氮	酸解氨态氮	酸解氨基糖态氮	酸解氨基酸态氮	酸解未知态氮
＞2 mm	CK	0.241 c	0.035 a	0.251 b	0.442 b	8.32 b	1.20 a	8.68 bc	15.40 b
	NPK	0.282 b	0.021 a	0.250 b	0.513 b	8.98 b	0.78 a	7.96 c	17.06 b
	NPKM	0.338 a	0.034 a	0.276 ab	0.673 a	12.00 a	1.23 a	9.76 b	24.04 a
	NPKS	0.303 ab	0.039 a	0.311 a	0.487 b	11.01 a	1.42 a	11.30 a	17.75 ab
0.25～2 mm	CK	0.194 a	0.031 a	0.225 a	0.343 a	7.95 a	1.30 a	9.24 a	13.62 a
	NPK	0.223 a	0.030 a	0.212 a	0.467 a	7.67 a	0.98 a	7.33 ab	15.16 a
	NPKM	0.246 a	0.031 a	0.204 a	0.462 a	4.41 b	0.54 a	3.66 c	8.23 b
	NPKS	0.209 a	0.028 a	0.232 a	0.376 a	4.96 b	0.60 a	5.43 b	8.57 b
0.053～0.25 mm	CK	0.186 a	0.029 a	0.193 a	0.323 a	2.08 a	0.99 a	2.16 a	3.56 a
	NPK	0.197 a	0.036 a	0.171 a	0.391 a	1.51 ab	1.25 a	1.36 ab	2.99 a
	NPKM	0.207 a	0.016 a	0.192 a	0.380 a	0.73 c	0.57 a	0.68 b	1.36 b
	NPKS	0.185 a	0.031 a	0.171 a	0.321 a	0.97 bc	1.13 a	0.97 b	1.45 b
＜0.053 mm	CK	0.263 a	0.001 b	0.170 a	0.319 a	1.44 a	0.01 b	0.95 a	1.77 a
	NPK	0.222 a	0.068 a	0.190 a	0.316 a	0.93 a	0.30 a	0.78 a	1.29 ab
	NPKM	0.304 a	0.016 ab	0.255 a	0.402 a	0.81 a	0.04 b	0.68 a	1.07 ab
	NPKS	0.242 a	0.024 ab	0.189 a	0.331 a	0.87 a	0.10 a	0.68 a	1.10 b

从施肥对酸解性氮组分含量影响来看，NPKM 与 NPKS 处理主要提高了＞2 mm 团聚体的酸解氨态氮、酸解氨基酸态氮和酸解未知态氮含量，尤其是酸解氨态氮，这可能是由于大团聚体受到作物根系及真菌影响较大，导致团粒中产生的吸附性氨和固定态氨较多。从施肥对有机氮组分分配比例影响来看，湖南省 3 个国家级稻田长期施肥提高了酸解氨基糖氮和酸解氨基酸态氮在全氮中的占比（伍玉鹏 等，2015），长期单施化肥主要提高了潮土＞2 mm 团聚体酸解氨态氮比例，施用有机肥提高了酸解氨基酸态氮和酸解未知态氮含量及分配比例（李娇 等，2018），也有研究表明，潮土化肥配合秸秆还田对酸解氨基酸态氮的贡献高于酸解氨态氮（赵士诚等，2014）。本研究条件下，施肥尤其是 NPKM 与 NPKS 处理总体提高了＞2 mm 团聚体酸解氨态氮的比重。由于酸解氨态氮是对可矿化氮具有直接重要贡献的组分，是土壤可矿化氮的主要来源（丛耀辉 等，2016），本研究条件下，＞2 mm 团聚体酸解氨态氮无论是含量还是对全氮累积贡献均有不同程度增加，暗示着不同施肥下土壤供氮能力得到提升，尤其是 NPKM 处理，这一点从＞2 mm 团聚体酸解氨态氮含量与该粒级的碱解氮以及水稻氮吸收量呈显著正相关得到佐证。说明施肥对不同区域土壤酸解性氮组分的影响较为复杂，受土壤性质、气候变化制约较大，因此全面掌握土壤环境与施肥对氮周转过程的影响才可有效地指导区域土壤培肥与氮库管理。

四、＞2 mm 与 0.25～2 mm 团聚体氮组分与碱解氮、水稻氮吸收的关系

由于＞2 mm 团聚体与 0.25～2 mm 团聚体二者粒级全氮累积贡献分别占到原土全氮的 83.2%～92.9%（表 5-2），即二者粒级团聚体累积的氮素及有机氮组分可代表原土氮库并决定氮素生物有效性，故对二者粒级团聚体有机氮组分与相应粒级的碱解氮含量以及水稻氮吸收量关系开展进一步分析。＞2 mm 粒级团聚体中，非酸解性氮（NHN）、酸解性氮（AHN）、酸解氨态氮（AMMN）含量与相应粒级的碱解氮含量及水稻植株氮吸收量均呈显著正相关（$P<0.05$），在 0.25～2 mm 粒级团聚体中，非酸解性氮、酸解氨态氮含量与相应粒级的碱解氮含量呈显著正相关（$P<0.05$），二者粒级的非酸解性氮还与水稻植株氮吸收量呈显著正相关（$P<0.05$）（表 5-5），显示二者粒级团聚体的非酸解性氮、酸解性氮（主要是酸解氨态氮）组分均是重要的有效氮库来源。

表 5-5 ＞2 mm 与 0.25～2 mm 团聚体有机氮组分与碱解氮及植株氮吸收的相关性（r）

项目	＞2 mm 团聚体						0.25～2 mm 团聚体					
	NHN	AHN	AMMN	AAN	ASN	HUN	NHN	AHN	AMMN	AAN	ASN	HUN
＞2 mm 团聚体碱解氮	0.77**	0.75**	0.86**	0.42	0.10	0.50	—	—	—	—	—	—
0.25～2 mm 团聚体碱解氮	—	—	—	—	—	—	0.81**	-0.09	0.61*	0.25	0.22	-0.35
籽粒氮吸收	0.72**	0.67*	0.67*	0.48	-0.03	0.48	0.58*	0.38	0.35	-0.13	-0.16	0.32
稻秸氮吸收	0.80**	0.75**	0.77**	0.5	0.05	0.53	0.66*	0.35	0.44	-0.11	-0.08	0.25

注：$n = 12$，$r_{0.05} = 0.553$；$r_{0.01} = 0.684$；NHN 为非酸解性氮；AHN 为酸解性氮；AMMN 为酸解氨态氮；AAN 为酸解氨基酸态氮；ASN 为酸解氨基糖态氮；HUN 为酸解未知态氮。

＞2 mm 团聚体中，对不同处理水稻氮吸收量及其有机氮组分可能影响因子分析数据进行冗余排序分析（图 5-4a），结果表明第一排序轴与第二排序轴累积解释信息量达 80.42%。在土壤各有机氮组分中，非酸解性氮（NHN）贡献率最大，为 68.6%；其次是酸解未知态氮（HUN）。进一步分析表明，水稻植株氮吸收主要受

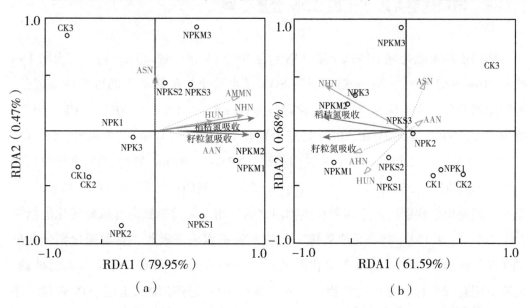

图 5-4 不同施肥处理＞2 mm（a）与 0.25～2 mm 团聚体（b）有机氮组分与水稻氮吸收量的 RDA 排序

到非酸解性氮（$F=12.3$，$P=0.01$）和酸解未知态氮（$F=8.7$，$P=0.026$）的影响，解释率分别为55.2%和22.0%。根据样本与有机氮组分垂直交点到箭头的距离可知，除了酸解氨基糖态氮（ASN），各有机氮组分对不同处理氮吸收量的影响大小总体表现为NPKM＞NPKS＞NPK＞CK；在0.25～2 mm团聚体中，冗余排序分析显示（图5-4b），第一排序轴与第二排序轴累积解释信息量达62.27%，以非酸解性氮（NHN）贡献率最大，为57.7%；且该组分对不同施肥处理氮吸收量的影响大小表现为NPKM＞NPKS＞NPK＞CK。＞2 mm及0.25～2 mm团聚体的非酸解性氮与水稻植株氮吸收量关系密切，这与二者团聚体非酸解性氮组分与碱解氮的相关性表现基本一致。说明黄泥田土壤非酸解性氮组分在土壤供氮方面作用不可忽视，同时，NPKM和NPKS处理水稻氮吸收量受土壤有机氮组分的影响程度要高于NPK处理与CK处理。

第三节　土壤可溶性有机氮差异及影响因子

一、不同施肥处理下土壤SON含量差异

长期不同施肥处理下供试土壤SON含量介于23.14～49.80 mg/kg，占土壤TSN的46.16%～62.45%（图5-5），说明SON是水稻土可溶性氮库的重要组成成分。不同施肥处理耕层土壤SON含量变化趋势为NPKS＞NPKM＞NPK＞CK，与CK处理相比，NPK、NPKM和NPKS处理分别较CK处理显著提高23.49%、58.70%和106.30%（$P<0.05$）；与NPK处理相比，NPKS和NPKM处理SON含量分别较NPK处理增加67.06%和28.51%（$P<0.05$）。长期施肥可显著增加土壤SON含量，可能是由于化肥施入土壤后在生物因素的作用下从无机氮向有机氮转化的结果（张宏威 等，2013），然而无机氮施入土壤后易被水稻所吸收，且常通过硝化和反硝化等各种途径损失，导致单施化肥处理对SON的贡献率低于配施有机肥处理。而有机肥自身含有小分子有机物，施入土壤后不仅快速地增加土壤SON含量，还有利于水稻生长，促进根系分泌物增加，从而刺激微生物生长（井大炜 等，2013）。此外，长期配施牛粪、秸秆，为供试土壤持续提供外源有机质（年均分别输入1 478 kg/hm² 和2 913 kg/hm² 的外源有机质），提高了土壤微生物和酶活性，

从而促进大分子有机质的分解与无机氮向 SON 的转化（Geisseler et al.，2010）。

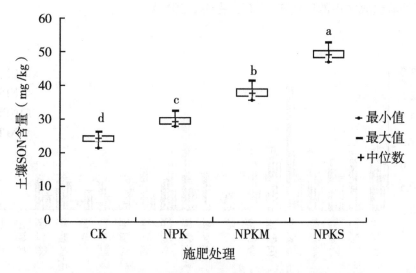

图 5-5　长期不同施肥处理土壤 SON 含量

二、不同施肥处理下土壤游离氨基酸氮和可溶性蛋白氮含量差异

长期不同施肥处理下供试土壤游离氨基酸氮含量介于 8.15～15.91 mg/kg，占土壤 SON 的 31.94%～39.23%（图 5-6a）；可溶性蛋白氮含量介于 1.20～2.35 mg/kg，占土壤 SON 的 4.72%～5.32%（图 5-6b），说明游离氨基酸氮和可溶性蛋白氮是 SON 中重要的组成成分。不同施肥处理下土壤游离氨基酸氮和可溶性蛋白氮含量均表现为 NPKS＞NPKM＞NPK＞CK，NPKM 和 NPKS 处理游离氨基酸氮较 CK 处理显著提高 84.42% 和 95.21%（P＜0.05），可溶性蛋白氮较 CK 处理显著提高 70.00% 和 95.83%（P＜0.05），NPK 处理游离氨基酸态氮和可溶性蛋白态氮含量均与 CK 处理无显著差异。化肥与有机肥配施提高游离氨基酸氮和可溶性蛋白氮，这主要与微生物对有机质进行分解过程中的代谢有关，即氮肥的施入提供丰富的能源物质，从而增加微生物的活性，土壤微生物分解有机物质与合成土壤腐殖质过程中，导致土壤 SON 总量和易矿化有机态氮的增加（张电学 等，2017）。不同施肥处理下中性游离氨基酸含量最高，酸性氨基酸含量次之，碱性氨基酸含量最低，分别占游离氨基酸总量的 89.00%～91.28%、8.12%～9.45% 和 0～2.39%。这与林地、茶园土壤游离氨基酸的研究结果一致（周碧青 等，2015；郭新春 等，2013）。主要是因为中性氨基酸种类

多，其含量高于另外两类氨基酸，而碱性氨基酸的化学稳定性较低，容易发生降解，因此在氨基酸组成中占的比例较低（王星 等，2016）。

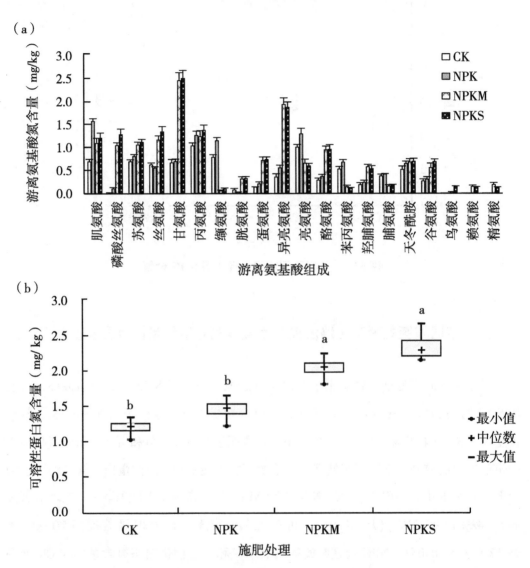

图5-6　长期不同施肥处理土壤游离氨基酸氮（a）和可溶性蛋白氮（b）含量

三、不同施肥处理下土壤 SON 其他组分含量差异

图5-7可见，长期不同施肥处理下耕层土壤 SON 提取液的红外光谱基本相似，均在3 400 cm⁻¹（碳水化合物、羧酸、酚类、醇类等的-OH 伸缩振动，以及酰胺类官能团的 N-H 伸缩振动）、1 630～1 650 cm⁻¹（木质素中与芳香环相连的 C=O 伸缩

振动及酰胺类化合物 C=O 伸缩振动，即酰胺 Ⅰ 吸收带）、1 400～1 460 cm^{-1}（木质素、脂肪族化合物及 C-N 伸缩振动，即酰胺 Ⅲ 吸收带）、1 310 cm^{-1}（含有 NH$_4^+$ 成分的复合物、C$_2$N 伸缩振动）、1 000～1 100 cm^{-1}（Si-O 伸缩振动，C-O 伸缩振动，碳水化合物或多糖）（曹莹菲 等，2016）等附近出现明显的吸收峰，但不同施肥处理下在某些特征吸收峰和强度上存在一定差异。就氮相关特征吸收峰而言，不同处理的 3 400 cm^{-1}、1 640 cm^{-1}、1 460 cm^{-1} 吸收峰相对强度均呈现出 NPKS ＞ NPKM ＞ NPK ＞ CK，而 1 310 cm^{-1} 吸收峰则表现为 NPKM ＞ NPKS ＞ NPK ＞ CK。说明 NPKM 处理所增加的氮主要为小分子易矿化氮，而 NPKS 处理所增加氮主要为大分子未知氮。不同有机肥配施化肥对土壤有机氮组分差异特征的影响机制可能有以下途径。①有机物料自身所含的养分差异直接导致土壤 SON 组分差异。牛粪中含有大量的水溶性小分子有机化合物（氨基酸、脂肪酸、多糖等）（吴景贵 等，2004），施入土壤后通过微生物固定直接影响土壤中 SON 的组分，因此 NPKM 处理显著地提高了土壤氨基酸、多肽、蛋白质含量，但对土壤大分子含氮化合物没有明显影响。而水稻秸秆中木质素、纤维素、半纤维素等难矿化大分子化合物含量高（李传友 等，2014），施入土壤后主要提高大分子有机质含量。②有机物料的 C/N 差异，

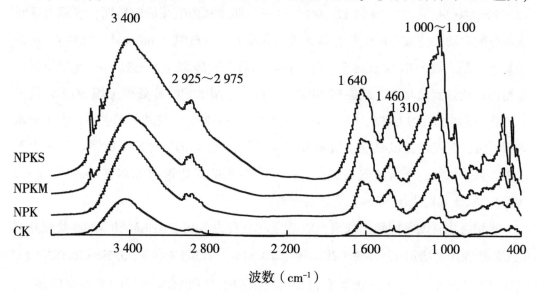

图 5-7　长期不同施肥处理土壤可溶性氮库红外光谱

注：CK 为不施肥处理，NPK 为单施化肥，NPKM 为化肥+牛粪，NPKS 为化肥+全部稻草还田。

通过影响土壤微生物的矿化固定作用从而改变土壤 SON 组分。水稻秸秆 C/N 较高，微生物的生长受氮限制，矿化出的氮被微生物迅速固定，因此 MBN（微生物量氮）含量较高，而 C/N 较低的牛粪施入土壤后微生物生长主要受碳限制，无机氮同化量较少，因此 1 310 cm^{-1} 的特征峰相对强度较大。

四、水稻生育期不同施肥模式土壤 SON 含量

水稻生育期不同施肥处理土壤 SON 含量于幼苗期开始逐渐升高并于分蘖期达到峰值，分蘖期 NPKS、NPKM、NPK 和 CK 处理土壤 SON 含量分别比苗期增加 31.84%、126.95%、73.50% 和 76.59%。水稻分蘖前期追肥，外源氮肥的添加不仅能直接为土壤微生物提供大量的能源和养分，还能通过正激发效应（增加土壤原有有机质的分解）（Kuzyakov et al.，2000），为土壤微生物的繁殖提供养分和能量，提高土壤微生物和酶活性，促进大分子有机质分解成小分子 SON（Yuan et al.，2016），从而导致分蘖期 SON 含量较高。分蘖期-扬花期各处理土壤 SON 含量逐渐降低，NPKS、NPKM、NPK 和 CK 处理扬花期土壤 SON 含量分别比分蘖期降低了 12.76%、40.96%、21.7% 和 17.09%。这一时期是水稻生长的旺盛期，水稻根系吸收养分能力增强使其与微生物竞争无机氮和小分子有机氮（Ma et al.，2018），从而导致该时期土壤 SON 含量逐渐下降。扬花期后不同施肥处理土壤 SON 含量快速增加至成熟期达到最高峰，成熟期 NPKS、NPKM、NPK 和 CK 处理土壤 SON 含量分别比扬花期增加 102.34%、93.27%、63.59% 和 55.21%。究其原因主要是由于排水烤田所致，扬花期至成熟期土壤水分逐渐排干，土壤 SON 含量因田间水分减少而浓缩，且排水后，土壤通气性提高，促进有机质的矿化形成 SON（Murphy et al.，2000），故成熟期土壤 SON 含量急剧增加。

水稻各生育期不同施肥处理 SON 含量均表现为 NPK、NPKM 和 NPKS 处理分别比 CK 处理显著增加 13.38%～28.85%、20.81%～72.71% 和 31.39%～76.02%（P < 0.05）（图 5-8）。不同种类有机物料对水稻生育期 SON 含量的影响有所差异，幼苗期、扬花期和成熟期 SON 含量表现为 NPKS > NPKM；而分蘖期和拔节期表现为 NPKM > NPKS，这可能是由于施用的有机物料组成、输入量及分解速率不同而导致的（Quan et al.，2014；Ros et al.，2010）。

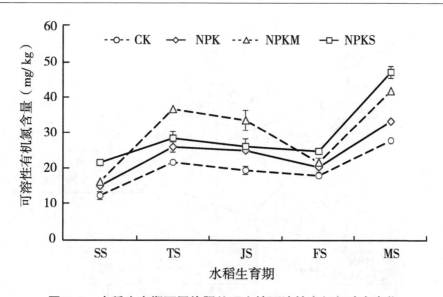

图 5-8 水稻生育期不同施肥处理土壤可溶性有机氮动态变化

注：CK 为不施肥处理，NPK 为单施化肥，NPKM 为化肥+牛粪，NPKS 为化肥+全部稻草还田，SS、TS、JS、FS 和 MS 分别代表幼苗期、分蘖期、拔节期、扬花期和成熟期。

五、水稻生育期不同施肥模式土壤 SON 主控因素

结构方程模型分析表明（图 5-9），水稻生育期不同施肥处理土壤 pH 值、SOC、Protease、MBN 和细菌数量累计解释了土壤 SON 含量变异的 91%。细菌数量、SOC、MBN 和 Protease 对 SON 具有直接影响，其标准化路径系数分别为 0.24，0.30，0.25 和 0.24。同时，细菌数量可通过 SOC、MBN 和 Protease 间接影响 SON，标准化路径系数为 0.68，SOC 可通过影响 MBN 和 Protease 间接影响 SON，标准化路径系数为 0.31，MBN 可通过 Protease 间接影响 SON，标准化路径系数为 0.12。此外，土壤 pH 值可通过影响细菌数量间接影响 SON，标准化路径系数为 -0.60。可见，土壤微生物是影响水稻土 SON 含量的重要因素，Song 等（2008）研究表明，微生物是控制土壤有机质分解及产生可溶性有机物的主要因素的结果一致。

为进一步探究水稻生育期不同施肥处理土壤 SON 差异的微生物机理，对细菌门水平相对丰度和 SON 含量进行冗余分析和方差分解分析（图 5-10）。冗余分析结果表明，第一排序轴和第二排序轴分别解释了土壤 SON 含量变异的 81.0% 和

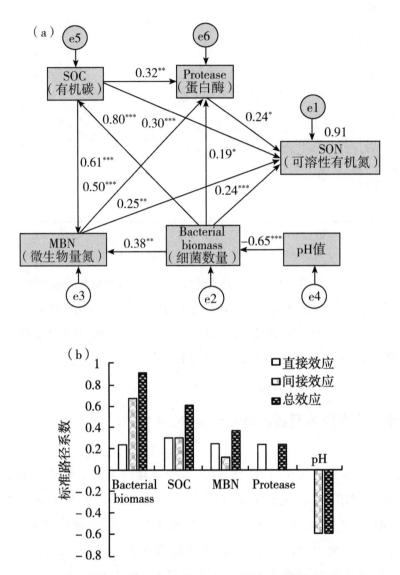

图 5-9　水稻生育期不同施肥处理土壤可溶性有机氮与其影响

因子间的结构方程模型（a）和路径系数（b）

注：箭头旁边的数值代表标准化路径系数，e1～e6：残差项，* $P<$ 0.05，** $P<$ 0.01，*** $P<$ 0.001，下同。

10.9%，累计解释信息量达91.9%。在13个细菌群落中，Proteobacteria（变形杆菌门）与第一排序轴呈最大正相关（$r=0.72$），其次为Bacteroidetes（拟杆菌门，$r=$ 0.71），而Chloroflexi（绿弯菌门）与第一排序轴呈最大负相关，相关系数为- 0.69，说明水稻生育期内不同施肥处理土壤SON含量主要受Proteobacteria、Bacte-

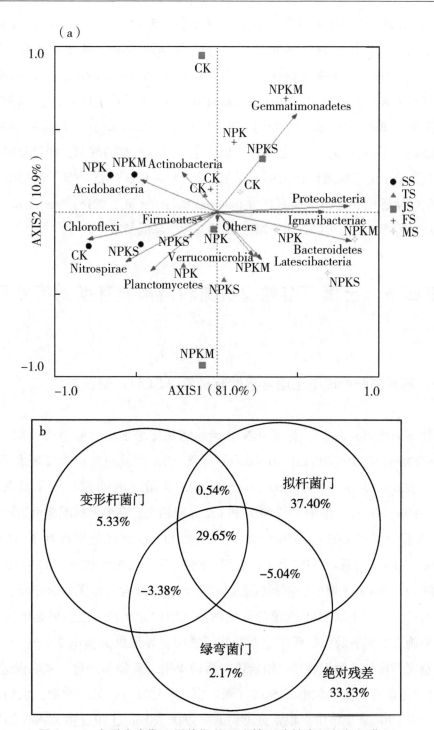

图 5-10　水稻生育期不同施肥处理土壤可溶性有机氮与细菌门
水平间的冗余分析（a）和方差分解分析（b）

roidetes 和 Chloroflexi 的影响。方差分解分析结果表明，Proteobacteria、Bacteroidetes

和 Chloroflexi 的相对丰度对 SON 含量的贡献分别为 5.33%、37.40%和 2.17%，3 个主效因子的交互作用对 SON 含量变异的贡献率为 29.65%，各变量及交互作用对 SON 含量变异的总贡献率达 66.67%。可能是由于 Proteobacteria 和 Bacteroidetes 与有机物降解有关（Jiang et al.，2019；Zhao et al.，2019），可将土壤有机质降解为小分子有机氮。Bach et al.（2000）研究表明，*Cytophaga*（Bacteroidetes）和 *Flavobacterium*（Bacteroidetes）是许多土壤中主导蛋白水解的细菌，均可分泌金属蛋白酶促进高分子量有机氮矿化为小分子氮。而 Chloroflexi 广泛分布于农田生态系统中，与硝酸盐还原和亚硝酸盐氧化（Jiménez-Bueno et al.，2016；Sun et al.，2019）等氮循环过程相关，它可以促进土壤 SON 的转化，降低其浓度。

第四节　土壤可溶性有机氮和游离氨基酸剖面差异

一、不同施肥处理下土壤可溶性有机氮（SON）剖面差异

长期不同施肥处理稻田土壤 SON 含量均随深度增加呈递减趋势（图 5-11），其中 0~20 cm 与 20~40 cm、40~60 cm 土壤 SON 含量的差异达显著水平（$P<0.05$），而 20~40 cm 与 40~60 cm 土壤 SON 含量之间的差异则不显著（$P<0.05$）。在 0~20 cm 土壤中，与 NPK 和 CK 处理相比，有机无机配施可显著提高土壤 SON 含量（$P<0.05$），NPKS 处理较 NPK 和 CK 处理分别提高了 67.06%和 106.30%，NPKM 处理较 NPK 和 CK 处理分别提高了 28.51%和 58.70%；而在 20~40 cm 和 40~60 cm 土壤中，不同施肥处理间土壤 SON 含量均无显著差异，说明长期施肥对稻田不同土层 SON 含量的影响随深度增加而减弱。这主要是因为，一方面，连年施入的肥料及作物残体主要积累于耕层，导致供试稻田 0~20 cm 土壤有机质含量明显增加，为土壤微生物繁殖和活动提供了营养和能量，从而促进 0~20 cm 土壤中复杂有机氮矿化形成 SON（颜志雷 等，2014）；另一方面，水稻根系主要分布于 0~20 cm 土壤中，根系分泌物也可为 0~20 cm 土壤提供 SON 来源（罗永清 等，2012），进而导致 0~20 cm 土壤 SON 含量显著高于 20~40 cm 和 40~60 cm 土壤。此外，供试稻田土壤为重壤，土壤较为黏重，长期施肥虽然显著降低表层土壤的容重，但 20~40 cm 和 40~60 cm 土层的容重仍较大（介于 1.46~1.53 g/

cm³），土壤通气和毛管孔隙度较低（分别介于 4.66%～9.11% 和 34.23%～ 38.22%），土层较为紧实，SON 的淋溶作用较弱，致使 NPKS、NPKM 和 NPK 处理 20～40 cm 和 40～60 cm 土壤 SON 含量虽然略高于 CK，但差异未达显著水平。

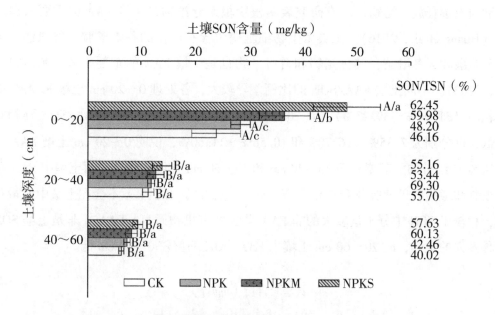

**图 5-11　长期不同施肥处理稻田 0～20 cm、20～40 cm 和
40～60 cm 土层 SON 含量及 SON 占 TSN 百分比**

长期不同施肥处理和不同深度之间 SON/TSN 的差异无明显规律，但不同施肥处理 0～20 cm、20～40 cm 和 40～60 cm 土层 SON/TSN 的均值分别为 54.20%、58.40%、50.06%，即长期不同施肥处理下供试稻田土壤 SON 含量与无机氮含量基本相当，且 20～40 cm 土层 SON 含量高于无机氮，表明 SON 可能比无机氮更易于向下迁移而累积于 20～40 cm 土层。因此，农田生态系统中氮素以 SON 形态淋失可能带来的面源污染应引起高度关注。

二、不同施肥处理下土壤游离氨基酸（FAA）含量剖面差异

图 5-12 结果表明，长期不同施肥处理间土壤 FAA 含量波动较大，且随土层加深呈递减趋势，0～20 cm、20～40 cm 和 40～60 cm 土层 FAA 含量分别介于 8.15～ 15.91 mg/kg、0.83～2.13 mg/kg 和 0.69～0.99 mg/kg，其中 0～20 cm 土壤 FAA 含量显著高于 20～40 cm 和 40～60 cm 土壤（$P<0.05$）；而 20～40 cm 与 40～60 cm

土壤 FAA 含量间无显著差异（$P < 0.05$）。这与土壤 SON 在不同深度土层中的分布状况一致（图 5-11），主要是由于 0～20 cm 土壤能够直接接受大量外源的有机质，促进土壤微生物和水稻根系的生长。水稻根系主要分布于 0～20 cm 土壤中，根系活动向土壤释放分泌物，已有研究表明植物根系分泌物是土壤 FAA 的重要来源之一（Huang et al., 2016）。土壤微生物细胞壁中含有丰富的谷氨酰胺、谷氨酸、天门冬氨酸和天冬酰胺，其分泌物和自溶产物也是土壤 FAA 的重要来源（Friedel et al., 2002）。不同土层 FAA/SON 的比例差异较大，各处理 0～20 cm 土壤 FAA/SON 均较高（31.94%～39.23%），而 20～40 cm 和 40～60 cm 土壤的 FAA/SON 则相对较低，仅分别为 7.35%～16.78% 和 10.56%～11.60%，说明 0～20 cm 土壤 FAA 对土壤 SON 组分的贡献率高于 20～40 cm 和 40～60 cm 土壤。研究表明土壤中 FAA 可被植物和微生物迅速吸收和转化（曹小闯 等，2015），故 FAA 不会在土壤中大量积累，相较于 SON 中分子量较大的非 FAA 类含 N 有机物而言，FAA 并非是土壤 SON 迁移淋失的主体，故 20～60 cm 土壤中 FAA/SON 的值较 0～20 cm 低。

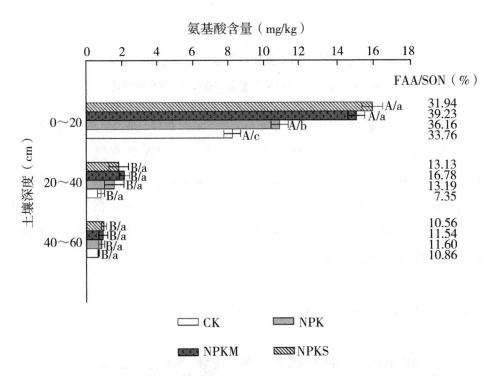

图 5-12　长期不同施肥处理稻田 0～20 cm、20～40 cm、40～60 cm 土层 FAA 含量及 FAA 占 SON 百分比

三、不同施肥处理下土壤 FAA 组成剖面差异

0～20 cm 土壤 SON 中包含 2 种酸性氨基酸、15 种中性氨基酸和 3 种碱性氨基酸（图 5-13a），而 20～40 cm 和 40～60 cm 土壤 SON 中仅分别包含 10 种和 7 种中

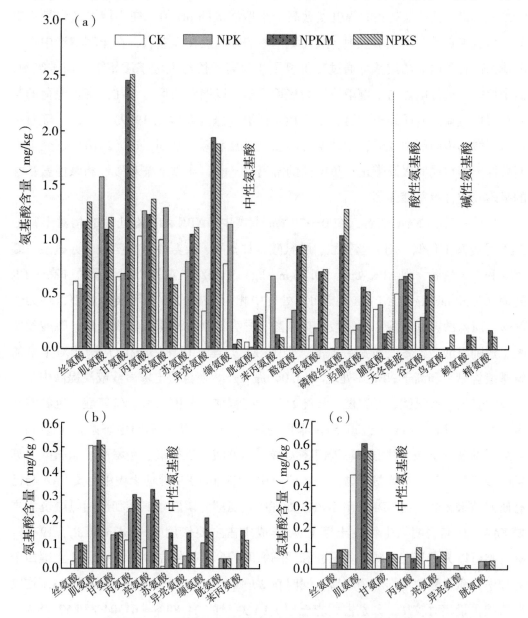

图 5-13　长期不同施肥稻田土壤 FAA 组分及其含量

注：（a）0～20 cm；（b）20～40 cm；（c）40～60 cm。

性氨基酸（图5-13b、图5-13c）。0～20 cm土壤不同处理稻田土壤中性FAA、酸性FAA和碱性FAA分别占FAA总量的89.00%～91.28%、8.12%～9.45%和0～2.39%，说明不同处理不同深度土壤FAA组成均以中性氨基酸占优势，这可能与土壤对氨基酸的吸附性有关（张旭东 等，1999）。氨基酸等电点的pH值与土壤溶液的pH值差异越大，土壤对氨基酸的吸附性越强。本研究中供试土壤pH值介于5.22～5.40，碱性氨基酸的等电点远高于土壤溶液的pH值，在土壤溶液中带正电荷，易被带负电荷的土壤吸附，酸性氨基酸的等电点在3左右，在土壤溶液中带负电荷，带有负电荷的羧基可通过二价离子作为离子桥与土壤基质相结合而被吸附，而中性氨基酸等电点与土壤溶液较为接近，基本以偶极的形态存在，带正电荷的基团和带负电荷的基团距离太近，电荷相互抵消（张旭东 等，1999），因此土壤对中性氨基酸的吸附能力较低，中性氨基酸易向深层移动。Rothstein（2010）研究也表明酸性土壤可同时吸附带正、负电荷的游离氨基酸，导致土壤对酸性和碱性氨基酸的吸附较中性氨基酸强烈。

从单一种类FAA来看，在0～20 cm土壤中，NPK和CK处理的相对丰富的FAA种类基本相似，均为丝氨酸、肌氨酸、甘氨酸、丙氨酸、亮氨酸、苏氨酸、缬氨酸和天冬酰胺，但NPK处理（9.16 mg/kg）中相对丰富的FAA含量总和高于CK处理（6.50 mg/kg）。NPKM和NPKS处理中相对丰富的FAA种类也相似，均为丝氨酸、肌氨酸、甘氨酸、丙氨酸、亮氨酸、异亮氨酸、酪氨酸、蛋氨酸、磷酸丝氨酸、羟脯氨酸、天冬酰胺和谷氨酸，但NPKS处理（14.84 mg/kg）中相对丰富的氨基酸含量总和高于NPKM处理（14.04 mg/kg）。在自然土壤溶液或浸提液中，一般以丙氨酸、谷氨酸、甘氨酸、异亮氨酸、亮氨酸、苯丙氨酸、丝氨酸、色氨酸和缬氨酸为主（Perez et al.，2015）。李世清等（2002）研究不同生态系统土壤FAA组成时发现赖氨酸、甘氨酸、天门冬氨酸、丙氨酸、谷氨酸、精氨酸、缬氨酸、苏氨酸和亮氨酸等为主要氨基酸。在本研究中，CK和NPK处理土壤中主要FAA与已有研究结果相似，而NPKM和NPKS处理中蛋氨酸、磷酸丝氨酸和羟脯氨酸也为主要FAA。研究表明微生物在土壤FAA形成中占主要作用（Sowden et al.，1977），有机肥可以为蛋氨酸、磷酸丝氨酸和羟脯氨酸的合成提供原料。0～20 cm土壤四个处理中，肌氨酸含量均较为丰富，同时在20～40 cm和40～60 cm土壤中FAA均以肌氨酸含量相对较高，分别占相应土层FAA总量的24.88%～61.04%和57.45%～66.27%，造成这一现象的原因之一是肌氨酸作为中性氨基酸不易被土壤胶体吸附，在土壤剖面中移动性强。此外，氨基酸在剖面的分布与其性质密切相关，极性氨基酸的矿化程度高于非极性氨基酸（Rothstein，2010），因此供试土壤中肌氨酸作为非极性氨基酸矿化程度较低，周转速率较慢，从而成为土壤剖面中分布较为丰富的氨基酸。土壤中 FAA 的组成、产生和降解是一个复杂的动态变化过程，对单一氨基酸含量变化及其机理还有待进一步研究。

第五节　主要结论

牛粪和化肥长期配施是提高黄泥田土壤总氮含量的有效措施，而后者对提升水稻产量作用明显。

长期施肥增加了黄泥田耕层土壤＞2 mm 团聚体全氮含量及对原土全氮累积贡献，有机无机肥配施尤为明显。配合稻秸还田较配施牛粪更有利于＞2 mm 团聚体非酸解性氮的累积。配施牛粪对提高＞2 mm 团聚体酸解氨态氮、酸解未知态氮含量及对原土全氮累积贡献最为明显，配合稻秸还田则对提高酸解氨基酸态氮含量及对原土全氮累积贡献最为明显。＞2 mm 团聚体非酸解性氮、酸解性氮及酸解氨态氮与碱解氮含量以及水稻氮吸收量关系密切，是重要的有效氮库。

游离氨基酸氮和可溶性蛋白氮是土壤 SON 重要的组成成分，长期施肥可显著增加土壤 SON 各组分含量，牛粪与化肥配施增加的有机氮以小分子 SON 为主，而水稻秸秆与化肥配施增加的有机氮则以大分子 SON 为主。不同生育期 SON 含量存在一定差异，成熟期 SON 含量最高，幼苗期最低。土壤细菌是影响水稻土 SON 含量的重要因素，其中 Proteobacteria、Bacteroidetes 和 Chloroflexi 对 SON 含量的总贡献率达 66.67%。

长期不同施肥处理对水稻土的 SON 和 FAA 的剖面差异影响较明显，且对 0～20 cm 土壤的影响较 20～40 cm 和 40～60 cm 土壤更为显著。长期施肥能增加 0～20 cm 土壤 SON 和 FAA 含量且丰富 FAA 种类，其中以化肥配施牛粪和秸秆处理效果较佳，且可使 0～20 cm 土壤中存在 3 种易分解的碱性氨基酸（鸟氨酸、赖氨酸和精氨酸）。

第六章
黄泥田土壤磷素演变

磷是植物必需的大量元素之一，对作物的生长发育、产量和品质都有重要影响（郑春荣 等，2002）。磷肥的当季利用率一般只有 10%～25%，施入磷肥的 75%～90%进入土壤后成为难以被作物吸收利用的固定态（Guo，2008）。特别是由于红壤其独特的理化性质，土壤中磷素很容易被铁、铝等固定，因而不易被作物吸收利用（曾希柏 等，2006）。有效磷是土壤磷素养分供应水平高低的指标，受农田生态系统中磷素盈亏状况的影响（Shen et al.，2014）。有研究表明，土壤有效磷及其增量与土壤磷素盈亏状况存在线性相关关系（Sanginga et al.，2000）。Cao et al.（2012）研究了中国 7 种典型农业土壤，认为每 100 kg/hm² 磷盈余平均可使土壤有效磷水平提高 3.1 mg/kg。黄晶等（2016）在红壤性水稻土上研究认为，土壤每累积磷 100 kg/hm²，有效磷增加 0.4～3.2 mg/kg，而西南黄壤旱地有效磷可增加 5.6～21.4 mg/kg（李渝 等，2016）。可见不同区域土壤有效磷对磷累积盈亏的响应差异较大。此外，在双季旱作下，有机无机肥配施处理有效磷增量大于单施化肥，而水旱轮作则使单施化肥有效磷增量大于有机无机肥配施（沈浦，2014）。因此，明确具体区域与耕作制度下土壤有效磷与磷素盈亏的关系，对指导农田土壤磷素定向培肥及缓解过量施用磷肥才具针对性。研究南方黄泥田经过 36 年不同施肥条件下土壤有效磷和磷盈亏的关系，以及对土壤磷库及其形态的影响，明确长期不同施肥条件下南方黄泥田磷素的演变过程及土壤磷素供应状况，以期为南方稻田磷素养分高效管理提供理论依据。

第一节　土壤全磷和有效磷演变

一、长期施肥下土壤全磷的变化趋势

从全磷变化来看（图 6-1），不施肥处理（CK）表现为双季稻制下，全磷含量保持平稳水平，到单季稻制后呈显著下降趋势，试验至 2018 年，CK 处理全磷含量较试验初期下降 0.02 g/kg。各施肥处理土壤全磷含量年际演变趋势如下，在双季稻制下，NPK、NPKM、NPKS 处理土壤全磷年上升速率分别为 0.01 g/kg、0.02 g/kg、0.01 g/kg，单季稻下 NPK 与 NPKM 处理全磷含量每年降幅为 0.01 g/kg 与 0.02 g/kg。在单季稻制下，施肥处理土壤全磷呈下降趋势，但试验至 2018 年，

NPK、NPKM、NPKS 处理土壤全磷较试验前仍分别增加 0.04 g/kg、0.14 g/kg、0.07 g/kg，其中，NPKM 处理土壤全磷历年平均值极显著高于 NPK、NPKS（$P<$ 0.01），NPK、NPKS 处理间则无显著差异。

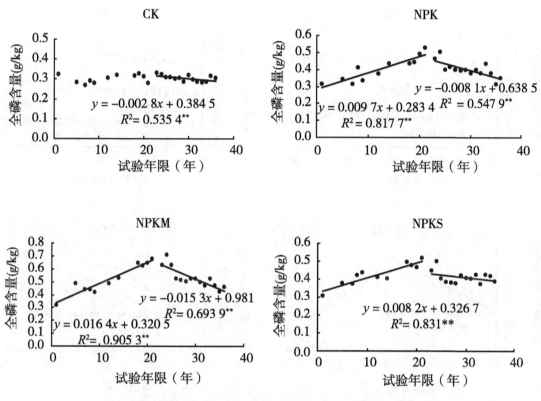

图 6-1 长期施肥对土壤全磷含量的影响（1983—2018 年）

二、长期施肥下土壤有效磷的变化趋势

从长期不同施肥下土壤有效磷（Olsen-P）的年际演变趋势可以看出（图6-2），CK 处理长期无磷肥的输入（除了微量的灌溉水与降雨带入），且每年作物会携出一定量的磷素，因此土壤双季稻制与单季稻制有效磷含量均随年份呈显著直线下降趋势，其中双季稻年份（1983—2004 年）年平均下降速率为 0.28 mg/kg，单季稻年份年平均下降速率为 0.29 mg/kg。而施肥各处理（除 NPKS 外）双季稻年份有效磷含量呈上升趋势，其中以 NPKM 处理上升速率最大，年上升速率为 1.00 mg/kg，是 NPK 处理的 8.4 倍。2005 年种植模式改制为单季稻后，各施肥处理有效磷含量随着试验年限增加呈极显著下降趋势，至 2018 年，NPK、NPKM、NPKS 处理

年下降速率分别为 0.64 mg/kg、1.30 mg/kg、0.85 mg/kg，NPK、NPKM、NPKS 处理有效磷含量分别从试验初始的 18.0 mg/kg 下降到 7.91 mg/kg、14.38 mg/kg、9.95 mg/kg。

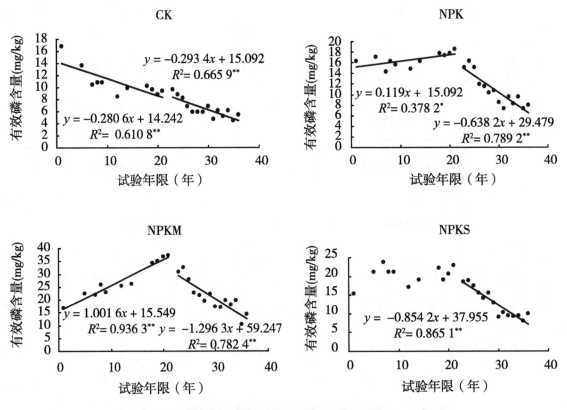

图 6-2　长期施肥对土壤有效磷含量的影响（1983—2018 年）

三、长期不同施肥对土壤 PAC 值的影响

磷素活化系数（PAC）反映出磷有效化程度。CK、NPK、NPKS 处理的磷素活化系数（PAC）无论是双季稻还是单季稻均随年际呈显著下降趋势，NPKM 处理在双季稻制时 PAC 呈上升趋势，单季稻制后也呈显著下降趋势（图 6-3）。CK、NPK、NPKM、NPKS 四个处理的多年平均 PAC 值分别为 2.77%、3.32%、4.52%、3.85%，其中施肥处理 PAC 值显著高于 CK 处理，NPKM 与 NPKS 处理的 PAC 值也显著高于 NPK 处理。

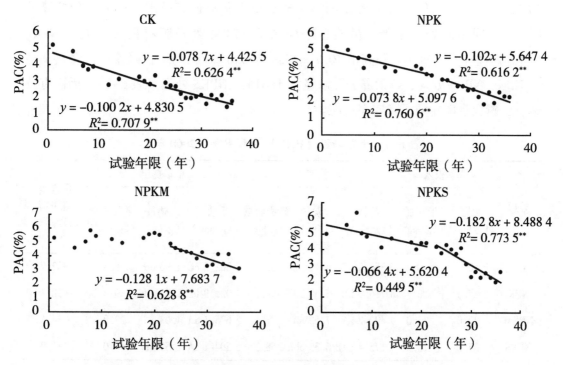

图6-3　长期施肥对红壤磷活化系数的影响（1983—2018年）

注：土壤磷活化系数 PAC（%）=［有效磷含量（mg/kg）］/［全磷含量（g/kg）× 1 000］×100。

四、长期施肥下土壤全磷与有效磷的关系

在南方黄泥田水稻土上施磷肥，均可增加土壤全磷、有效磷、土壤无机磷、有机磷组分含量，其中以化肥配施牛粪处理提高效果最为显著。主要原因是：一方面增施有机物料直接增加了土壤磷素的投入量，可提高土壤有机磷含量，并通过矿化作用可释放出无机磷（向万胜 等，2004）；另一方面可能是牛粪施入土壤后腐解产生的有机酸类物质可溶解、吸附土壤中的磷酸盐，释放出土壤中磷酸钙、磷酸铝（铁）中的磷酸根离子。此外，有机酸根离子及有机质提供的阴离子也与磷酸根离子竞争土壤吸附位点，从而减少土壤对磷的固定（刘建玲 等，2000）。在双季稻制下，各施肥处理的磷均表观盈余，土壤有效磷、全磷的年增长速率均表现为 NPKM 最高，NPK 和 NPKS 处理相当。而改制为单季稻后，土壤磷素表观平衡处于亏缺，可能是由于改为单季稻后，土壤磷素输入减半，但单季稻作物产量为双季稻年产量

的 72%～88%，故磷素养分亏缺明显，造成单季稻年份有效磷、全磷含量持续下降。从不同施肥处理来看，虽然单季稻制下 NPKM 处理肥料投入量大于 NPK、NPKS 处理（平均每年分别高出 10.7 kg/hm² 与 5.6 kg/hm²），但磷素携出量显著高于 NPK、NPKS 处理，磷素养分亏缺量大于 NPK、NPKS 处理（表6-1），因而有效磷、全磷含量随年限下降速率最高。

表 6-1　土壤磷素（P_2O_5）表观平衡（2008 年）

| 处理 | 磷素投入 | | 籽粒携出 | | | 稻草携出 | | | 磷素表观平衡（kg/hm²） |
	化肥（kg/hm²）	有机肥（kg/hm²）	产量（kg/hm²）	含磷量（g/kg）	磷吸收量（kg/hm²）	产量（kg/hm²）	含磷量（g/kg）	磷吸收量（kg/hm²）	
CK	0	0	5 356.8 cC	5.11 bB	27.4	2 808.3 cC	1.90 cB	5.3	−32.7
NPK	27.0	0	8 716.9 bB	5.50 bAB	48.0	4 928.9 bB	1.89 cB	9.3	−30.3
NPKM	27.0	33.0	9 492.2 aA	7.52 aA	71.4	5 675.1 aA	4.08 aA	23.2	−34.5
NPKS	27.0	13.4	9 175.4 aAB	6.35 abAB	58.3	5 504.1 aA	2.55 bB	14.0	−31.9

　　化肥配施秸秆处理无机磷与有机磷库各组分含量和单施化肥处理基本相似，即与单施化肥相比，秸秆还田对土壤磷库总量与组分形态影响并不明显，这与化肥配施牛粪明显提高无机磷库、有机磷库及总磷含量明显不同。这除了牛粪带入的磷素总量明显高于秸秆，可能还与二者有机物料组分差异有关。有研究表明，有机物料磷含量和碳/磷比（C/P）对水溶态磷的含量起关键作用（尹逊霄 等，2005），当 C/P 大于 200 时，其在腐解过程中不仅不能释放有效磷，而且还要从土壤中吸收有效磷，从而降低土壤有效磷水平（王艳玲 等，2010），当 C/P 小于 200 时才会有磷的净释放。长期试验中虽然两种有机无机肥配施模式均有外源磷素输入，但配施牛粪中磷输入量高于秸秆，且牛粪的 C/P 比为 59.5，而稻秆 C/P 为 227.3，因此相对秸秆还田来说，增施牛粪对于土壤中的磷素贡献（包括总磷量与有效性磷）大于秸秆还田。

第二节　土壤有效磷对磷形态响应

　　定位试验第 26 年，不同处理土壤中各种形态的无机磷、有机磷含量变化如

表6-2所示。CK处理无机磷含量大小顺序为O-P＞Fe-P＞Al-P＞Ca-P，各施肥处理无机磷含量大小顺序为Fe-P＞O-P＞Ca-P＞Al-P，说明在南方黄泥田中无机磷组分以Fe-P、O-P为主。CK处理由于无磷肥输入，各形态无机磷含量较初始值均下降，Fe-P、Al-P、Ca-P、O-P组分降幅分别达30.0%、43.8%、13.6%、25.9%，说明CK处理Al-P组分耗竭相对最快，而施肥处理各无机磷组分均较初始值均增加。与CK处理相比，施肥处理的土壤Fe-P、Al-P、Ca-P、O-P含量增幅分别为28.6%～102.6%、52.8%～158.5%、161.4%～226.5%、11.5%～68.9%，无机磷总量增幅为46.2%～114.2%，均达到显著差异水平。从不同施肥处理来看，NPKM处理无机磷各形态（除Ca-P外）含量及无机磷总量，均显著高于NPKS、NPK处理，NPKS、NPK处理各形态磷含量差异则不显著。

表6-2　长期施肥下无机和有机磷各组分含量（mg/kg，2008年）

处理	Fe-P	Al-P	Ca-P	O-P	LOP	MLOP	MSOP	HSOP	TIP	TOP	TP
试验前	57.0	28.1	16.9	56.0	16.8	53.3	29.5	7.7	158.0	107.3	265.3
CK	39.9 cC	15.8 cC	14.6 bB	41.5 cB	16.8 bB	70.1 bB	44.5 cC	10.2 aA	111.8 cC	141.6 cC	253.4 cC
NPK	52.8 bB	29.6 bB	38.2 aAB	53.4 bAB	18.3 bAB	78.4 bB	55.5 bB	12.0 aA	174.0 bB	164.2 bB	338.2 bB
NPKM	80.9 aA	40.8 aA	47.7 aA	70.0 aA	25.3 aA	92.9 aA	69.1 aA	13.5 aA	239.5 aA	200.8 aA	440.3 aA
NPKS	51.4 bB	24.1 bBC	41.8 aA	46.2 bcB	20.8 abAB	76.5 bB	55.5 bB	11.1 aA	163.5 bB	163.9 bB	327.4 bB

注：LOP-活性有机磷；MLOP-中等活性有机磷；MSOP-中等稳定性有机磷；HSOP-高稳定性有机磷；TIP-无机磷总量；TOP-有机磷总量；TP-全磷。

从施肥对有机磷库的影响来看，各处理有机磷含量大小顺序为MLOP＞MSOP＞LOP＞HSOP，说明在南方黄泥田中有机磷组分以MLOP、MSOP形态为主。与CK处理相比，施肥处理LOP、MLOP、MSOP、HSOP增幅分别为8.9%～50.6%、9.1%～32.5%、24.7%－32.8%、8.8%～32.4%，有机磷总量增幅为15.7%～41.8%，其中，各施肥处理的MSOP含量与总有机磷含量显著高于CK处理。从不同施肥处理来看，NPKM处理除HSOP组分外，其余各组分含量均显著高于NPK处理，其MLOP与MSOP组分也显著高于NPKS处理，而NPKS、NPK处理各有机磷组分含量无显著差异。与试验前土壤相比,不论施肥与否,经过 25 年后,有机磷总量及各组分含量均有所提高,有机磷总量增幅 32.0%～87.1%,其中以中等稳定性有机磷增幅最大。

土壤无机磷、有机磷总量与土壤有效磷均呈极显著线性相关(图 6-4),说明黄泥田无机磷、有机磷库均是有效磷的"源",随着土壤无机磷、有机磷库的增加,土壤磷素有效性也相应提高。

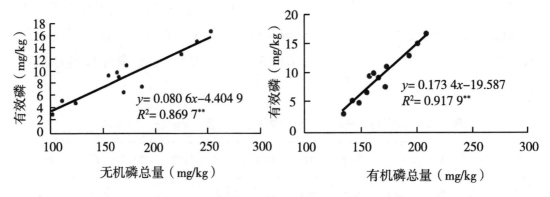

图 6-4　土壤有效磷与 TIP、TOP 含量关系

第三节　土壤有效磷变化对土壤磷盈亏响应

一、长期施肥下土壤磷素盈亏变化

不施肥处理(CK)由于没有磷素的输入,土壤磷素处于持续亏损状态,经过 36 年连续种植作物,CK 处理累积磷(P)亏缺为 393.6 kg/hm²,NPK、NPKM、NPKS 处理在双季稻制下磷素表现为盈余,从 1983 到 2004 年,磷累积分别达到 60.5 kg/hm²、182.4 kg/hm²、95.3 kg/hm²,改为单季稻后,由于单季稻磷肥年投入量小于作物磷素的携出量,各处理土壤累积磷呈耗竭趋势(图 6-5),试验至 2018 年,NPK、NPKM、NPKS 处理土壤磷素累积量分别变化 - 11.8 kg/hm²、113.6 kg/hm²、43.7 kg/hm²。

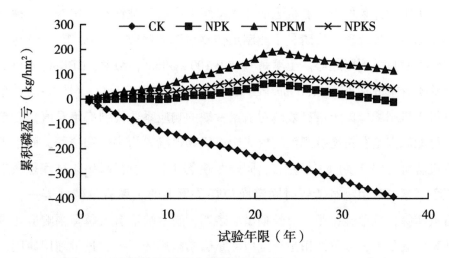

图 6-5　不同施肥处理土壤累积磷盈亏（1983—2018 年）

注：土壤表观磷年盈亏（P，kg/hm²）＝每年施入土壤磷素总量（kg/hm²）
－每年作物（籽粒＋秸秆）吸磷量（kg/hm²）；土壤累积磷盈亏（P，kg/hm²）
＝Σ［土壤表观磷盈亏（P，kg/hm²）］。

二、长期施肥下土壤有效磷变化对土壤磷素盈亏的响应

图 6-6 显示了不同处理双季稻及单季稻年份土壤有效磷变化量与磷素累积盈亏量的关系。除双季稻 NPKS 处理外，不同处理土壤有效磷的增减与磷的盈亏均呈显著正相关。NPK、NPKM 处理在双季稻制下土壤中每累积磷 100 kg/hm²，土壤中有效磷含量分别提高 4.5 mg/kg 与 11.2 mg/kg，而单季稻土壤磷素每年均处于亏缺状态，由回归方程斜率可知，土壤中磷每亏缺 100 kg/hm²，NPK、NPKM、NPKS 处理土壤中有效磷含量分别下降 11.6 mg/kg、22.7 mg/kg、21.2 mg/kg，说明等量磷素盈亏量下，有机无机肥配施的有效磷响应系数（斜率绝对值）要高于单施化肥，而同一施肥处理磷亏缺下有效磷降幅响应要比磷盈余下有效磷增幅大。

相关定位试验表明，土壤有效磷的变化与磷盈亏呈正相关关系，土壤每累积 100 kg/hm² 磷，单施化学磷肥处理土壤有效磷含量平均提高 2.6～21.2 mg/kg，有机肥配施化学磷肥处理有效磷含量平均提高 0.56～41.3 mg/kg（Wang et al.，2015；裴瑞娜 等，2010）。在双季稻制下，土壤每累积 P 100 kg/hm²，NPK、NPKM 处理土壤有效磷含量可分别提高 4.5 mg/kg 与 11.2 mg/kg。说明在双季稻制下，南方黄泥田化肥配施牛粪模式对土壤有效磷的提高效率高于单施化肥。这可能与酸性土壤

在有机无机肥配施条件下，有机肥的加入减缓了有效磷被铁铝固定有关。种植制度改为单季稻后，各处理的施磷量不能满足作物对磷的吸收（林诚 等，2014），土壤的累积磷盈亏量呈下降趋势。土壤每亏缺 P 100 kg/hm²，NPK、NPKM、NPKS 处理土壤有效磷含量分别下降 11.6 mg/kg、22.7 mg/kg、21.2 mg/kg（图 6-6）。单季稻制下有机无机肥配施的土壤有效磷对磷素亏缺的响应系数（斜率绝对值）较单施化肥高，可能原因是有机无机肥配施模式中有机物料投入为牛粪和秸秆，而牛粪和秸秆中有机磷可占到全磷的一半左右，同样亏缺条件下，有机磷矿化过程是微生物与作物竞争磷素，微生物对磷暂时固定而消耗了更多的土壤有效磷（姜一，2014），导致有效磷降幅较单施化肥大。长期试验表明，磷亏缺下有效磷降幅响应比磷盈余下有效磷增幅要大，故黄泥田生产上应注重磷素施用的平衡，过量施用磷肥产生磷素累积盈余而导致磷素流失风险，而磷肥施用不足产生磷素累积亏缺，导致有效磷降幅较大而成为生产的限制因子。

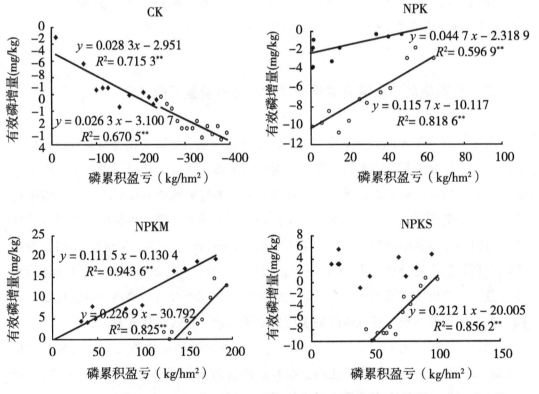

图 6-6 不同处理土壤有效磷变化与磷累积盈亏量的关系（1983—2018 年）

注：土壤有效磷增量 △Olsen-P（mg/kg）= P_i（mg/kg）-P_0（mg/kg），（P_i 表示第 i 年土壤有效磷；P_0 表示初始土壤的有效磷）。

三、土壤磷盈亏对磷肥用量的响应

农田每茬水稻磷素养分平均投入量见表6-3，其中每茬灌溉水及降雨带入的P量平均为1.3 kg/hm²，占化肥用量的11.0%。双季稻中土壤每年磷累积盈亏量与磷肥施用量呈极显著正相关（图6-7），说明磷肥用量越大，土壤磷盈余量越高。黄泥田在双季稻制下，磷肥（P）年施用量为26.2 kg/hm²，土壤磷素可以持平，超过此用量土壤磷素累积。在单季稻制下，各处理每年磷表观平衡处于亏缺，因此无法计算单季稻下的磷肥盈亏平衡点。

表6-3　各处理每茬水稻磷素养分平均投入量（P）（kg/hm²）

处理	化肥	有机物料	灌溉及降雨	合计
CK	0	0	1.3	1.3
NPK	11.8	0	1.3	13.1
NPKM	11.8	10.5	1.3	23.6
NPKS	11.8	3.8（早、晚稻）/ 5.3（单季稻）	1.3	16.9/18.4

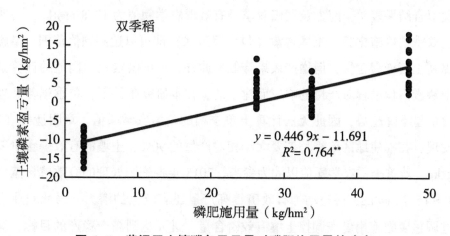

图6-7　黄泥田土壤磷年盈亏量对磷肥施用量的响应

四、土壤有效磷农学阈值的研究

土壤有效磷的农学阈值是评价施肥增产效果的重要指标。当土壤中有效磷含量低于农学阈值时，作物产量随磷肥施用量增加显著提高；当土壤中有效磷含量高于农学阈值，作物产量对磷肥几乎没有响应。确定土壤磷素农学阈值的方法中，应用比较广泛的有线性–线性模型、线性–平台模型和米切里西方程三种（Mallarino et al.，1992）。长期种植条件下，磷肥施用后土壤中有效磷含量以达到或略微超过该范围的有效磷农学阈值为宜，过多的磷肥施入不能提高作物产量，并导致边际效益递减。以 90% 的相对产量为计算依据，由双季稻水稻产量对土壤 Olsen-P 的响应指数方程可知，双季稻土壤 Olsen-P 农学阈值为 17.8 mg/kg，这与试验本底土壤有效磷非常接近。试验至 2004 年，双季稻制下 NPK、NPKM 与 NPKS 施肥处理土壤有效磷分别为 18.6 mg/kg、37.4 mg/kg、22.9 mg/kg，其中 NPK 处理有效磷含量与农学阈值基本相当，而 NPKM 与 NPKS 处理土壤有效磷含量较农学阈值增加 19.6 mg/kg、5.1 mg/kg。

有效磷农学阈值反映了土壤磷素的培肥目标和方向，超过此阈值，土壤磷素不再是作物增产的主要限制因子，在此基础上投入磷肥，不能显著提高作物产量，边际效益递减，反而存在进一步加剧环境污染风险的可能性（Shepherd，1999）。前人研究发现，水稻土有效磷的农学阈值范围在 4.3～18.1 mg/kg，而本研究通过指数方程拟合结果表明，南方黄泥田双季稻有效磷农学阈值为 17.8 mg/kg，说明在黄泥田上双季稻单施化肥，土壤磷素（包括灌溉水）即可以达到阈值范围，增施有机肥可提高土壤磷素含量，但增产效果降低。此外，土壤磷素农学阈值的计算是基于土壤中磷素累积过程对产量的响应而建立的，在本研究条件下，单季稻各处理土壤磷素含量呈下降趋势，因此无法计算出单季稻的磷素农学阈值。章明清等（2009）研究发现，在福建地区单季稻若要大于相对产量的 90%，土壤的有效磷含量要达到 24 mg/kg，若单季稻农学阈值以此为参考，2018 年各施肥处理的有效磷含量比该值低 6.0～15.7 mg/kg，通过增加有效磷提高产量还有较大的潜力。因此农业生产中应通过调整磷肥施用量来调控土壤有效磷含量，进而达到高产稳产的目标，又不造成磷肥资源的浪费。

长期施肥下双季稻相对产量对土壤有效磷的响应关系见图 6-8。

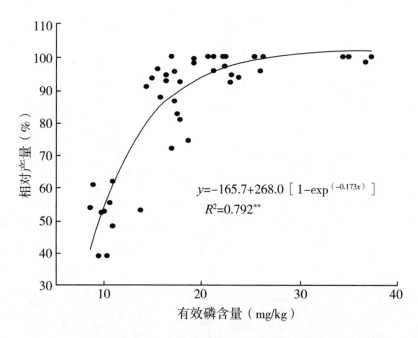

图6-8　长期施肥下双季稻相对产量对土壤有效磷的响应关系

第四节　主要结论

南方黄泥田年磷投入量应不低于 26.2 kg/hm²，才能维持土壤有效磷与全磷含量的基本平衡略有盈余。施用磷肥可以提高黄泥田土壤有效磷、全磷含量。有机无机肥配施模式土壤磷素活化系数（PAC）显著高于单施化肥。除双季稻 NPKS 处理外，黄泥田土壤有效磷增减与土壤累积磷盈亏量呈显著正相关关系。在土壤磷盈余状况下，土壤磷素（P）每盈余 100 kg/hm²，NPK、NPKM 处理有效磷分别增加 4.5 mg/kg 与 11.2 mg/kg，而在土壤磷素亏缺状况下，每亏缺 100 kg/hm²，NPK、NPKM、NPKS 处理有效磷分别减少 11.6 mg/kg、22.7 mg/kg、21.2 mg/kg。等量的磷素盈亏量下，有机无机肥配施的有效磷增减量要高于单施化肥，而磷累积亏缺下，有效磷降幅响应比磷累积盈余下有效磷增幅响应大。通过指数方程拟合的双季稻有效磷的农学阈值为 17.8 mg/kg，单施化肥即可达到双季稻土壤磷素阈值范围。

第七章
黄泥田土壤钾素演变

钾是植物必需的营养元素之一，是重要的品质元素。一方面，我国土壤全钾含量为 0.5～25 g/kg，而我国缺钾耕地总面积高达 0.23 亿 hm²，一般缺钾（土壤速效钾含量 50～70 mg/kg）和严重缺钾（土壤速效钾含量小于 50 mg/kg）的土壤面积占总耕地的 23%，尤其是我国南方的稻麦轮作区表现更为突出（张会民等，2008）。另一方面，我国已探明的钾矿资源匮乏，钾资源的基础储量仅占世界的 2.5%，现有经济储量可开采年限仅为 66 年左右（孙爱文 等，2009）。2013 年，我国氮、磷肥供应分别过剩 1 080 万 t、680 万 t，而钾肥缺口 370 万 t（杨帆等，2015）。因而当前既要培肥土壤，提高供钾能力，又迫切需要寻找化肥钾的替代产品与替代技术以提升钾肥自给率。近 30 年来，在外源钾肥对土壤钾素的影响、作物钾肥肥效以及土壤供钾效应等方面的研究累积了大量的资料，尤其在长期定位试验研究方面。位于黑龙江哈尔滨的黑土 24 年长期定位试验结果表明，氮肥对作物产量的贡献率最大，其次为磷肥，钾肥对产量的贡献率最低（周宝库等，2005）。江苏黄潮土 18 年肥料定位试验研究表明，长期不施钾肥或仅施化学钾肥，土壤钾素始终亏缺，有机厩肥-无机化肥配合施用，土壤钾素可达到平衡甚至有余（张爱君 等，2000）；在麻砂泥田、白散泥田、灰油沙土上开展轮作试验表明，施钾量多的处理其速效钾和缓效钾在全钾中所占比例有上升的趋势，说明多施的钾肥仍以这两种形态存在于土壤中，维持并提高了土壤的供钾能力（陈防 等，2000）。在灰漠土上的施肥定位试验表明，NP 肥处理的产量与其他均衡施肥产量并无明显差异，说明钾素不是灰漠土农田亏缺的养分。均衡施肥中 NPKS 表现出钾的盈余，而其余均衡施肥处理表现出钾的亏缺，24 年亏缺量达到 268～2 966 kg/hm²。所有施肥处理中，NPKM 和 1.5NPKM 拥有较高的钾表观利用率，分别达到 81.2% 和 38.9%，显著高于其他处理，说明配施有机肥可以显著提高灰漠土钾肥利用率（王西和 等，2016）。这些研究多集中于长期施肥对北方农田尤其是旱地土壤钾素含量和形态的影响，但对近年来南方稻田钾素形态演变及盈亏特征缺乏系统深入的研究，而后者为全国水稻主产区，同时受强烈风化淋溶的影响，并且土壤母质又是土壤钾素供应相对较低的区域。为此，本研究基于连续 30 年的南方黄泥田施肥定位试验，分析土壤钾素形态演变。于相邻集中年份 2010 年、2011 年、2013 年、2014 年，采集植株样品分析土壤钾素表观盈亏平衡。研究长期不同施肥下稻田土壤钾素形态演变、钾素吸收以及产量响应特征，为南方稻田定向培肥与钾肥高效利用提供依据。

第一节　土壤钾素演变

长期不同施肥处理下的土壤全钾含量总体呈现先升高后降低的趋势（图 7-1），即在双季稻年份（1983—2004 年），各处理土壤中全钾含量随着试验年份增加而上升，而单季稻年份（2005—2014 年）全钾含量随试验年份增加呈下降趋势。这可能与不同耕作制度下外源钾肥投入量不同有关。CK、NPK、NPKM 与 NPKS 处理的全钾含量历年平均为 18.0 g/kg、18.9 g/kg、18.9 g/kg 与 18.4 g/kg，属较丰富水平（15.0～20.0 g/kg），各施肥处理较 CK 处理增幅 2.2%～5.0%。说明施肥不同程度提高了土壤全钾含量，且双季稻年份不同处理差异较单季稻年份大。

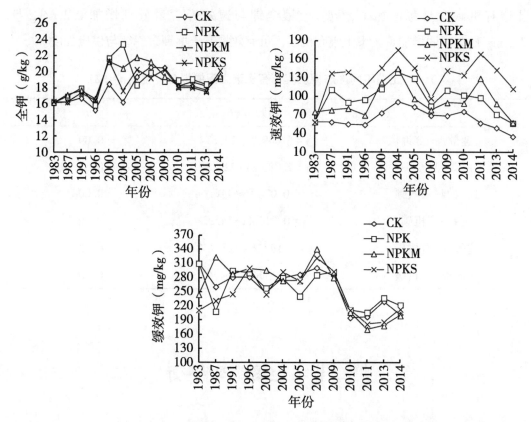

图 7-1　不同施肥处理土壤全钾、速效钾与缓效钾变化

土壤速效钾含量变化趋势与全钾相似，总体呈现双季稻年份升高而单季稻年份降低的趋势。CK、NPK、NPKM 与 NPKS 处理的速效钾含量年际平均值分别为 66.0

mg/kg、99.9 mg/kg、95.0 mg/kg 与 133.6 mg/kg，除 NPKS 处理属较丰富水平外（100～160 mg/kg），其余处理均属中等水平（60～100 mg/kg），各施肥处理较 CK 处理增幅 43.9%～102.4%。说明施肥可明显提高土壤速效钾含量，特别是 NPKS 处理，NPKM 与 NPK 处理在提升速效钾含量方面效果相当，这与全钾趋势一致。对土壤缓效钾而言，各处理含量均值变幅范围在 246.5～259.5 mg/kg，各处理缓效钾含量无明显差异，表现出在单季稻年份缓效钾含量呈总体降低趋势。

土壤钾素形态回归分析进一步表明（表 7-1），土壤速效钾含量与全钾呈显著线性关系（$r=0.30^*$，$n=52$），由回归方程可推算，土壤全钾每增加 1 g/kg，速效钾含量约可增加 6 mg/kg，土壤缓效钾含量与土壤全钾及速效钾均无显著相关（表 7-1）。土壤有机碳与钾素含量回归分析表明，土壤全钾、速效钾含量与土壤有机碳均呈极显著线性关系（$P<0.05$），而缓效钾含量与有机碳无显著相关。由回归方程斜率可知，土壤有机碳含量每增加 1 g/kg，土壤全钾与速效钾含量分别增加 0.2 g/kg 与 7.2 mg/kg，表明增加黄泥田土壤有机碳，可有效提升土壤钾素库容与供应强度。

表 7-1　土壤不同形态钾及其与有机碳之间的拟合方程（$n=52$）

$y-x$	回归方程	R^2
速效钾–全钾	$y=6.049\ 8x-14.694$	0.09^*
缓效钾–全钾	$y=1.783\ 8x+222.12$	0.01
速效钾–缓效钾	$y=-0.074\ 9x+116.68$	0.008
全钾–有机碳	$y=0.216\ 4x+14.92$	0.12^{**}
速效钾–有机碳	$y=7.197\ 7\ x-23.438$	0.32^{**}
缓效钾–有机碳	$y=-0.576x+264.91$	0.002

第二节　土壤钾素平衡

表 7-2 显示，水稻籽粒钾（K）含量范围为 2.74～3.47 g/kg，秸秆钾含量为 22.48～25.73 g/kg。施肥不同程度提高了植株钾的含量。与 CK 相比，各施肥处理的籽粒钾含量增幅 12.0%～26.7%，以 NPKS 处理增幅最为明显，差异均显著（$P<$

0.05）。不同施肥处理间 NPKM 与 NPKS 处理间籽粒钾含量无显著差异，但均显著高于 NPK 处理；从秸秆钾含量来看，NPKS 处理的秸秆钾含量较 CK 与 NPK 处理分别显著增加 14.5%与 11.3%，但 NPKM、NPK 处理与 CK 处理差异未达到显著水平。

表 7-2　不同施肥处理植株籽粒、秸秆 K 含量及年移走量

处理	含量（g/kg）		移走量（kg/hm²）	
	籽粒	秸秆	籽粒	秸秆
CK	2.74 c	22.48 b	14.7 c	59.8 c
NPK	3.07 b	23.11 b	22.3 b	105.7 b
NPKM	3.46 a	24.04 ab	27.9 a	132.6 a
NPKS	3.47 a	25.73 a	28.2 a	133.0 a

注：2010 年、2011 年、2013 年、2014 年 4 年平均。

从土壤钾素表观盈亏平衡来看（表 7-3），除 NPKS 处理钾素（K_2O）每年盈余 101.1 kg/hm²外，其他处理的钾素表观平衡均表现为亏缺，亏缺幅度为 18.6～89.4 kg/hm²，其中以 CK 处理亏缺最大，其次为 NPKM 处理。表观平衡系数反映矿质元素输入与输出的相对平衡关系，不同处理表现为 NPKS＞NPKM＝NPK＞CK，且仅 NPKS 处理平衡系数大于 1。说明秸秆还田可有效满足作物钾素供给，缓解农田钾素亏缺。

从土壤不同形态钾素含量与钾素盈亏平衡关系得知，土壤钾盈亏量（y）与全钾、缓效钾含量无显著相关，而与速效钾（x）呈极显著正相关（$y = 1.2688x - 124.12$，$R^2 = 0.53^{**}$，$n = 48$）。由该回归方程进一步推算可知，当土壤速效钾含量为 97.8 mg/kg 时，土壤钾素呈现平衡状态（$y = 0$）。

表 7-3　不同施肥土壤 K_2O 表观盈亏平衡（kg/hm²）

处理	输入	输出	平衡	平衡系数
CK	0 d	89.4 c	-89.4 c	0 c
NPK	135.0 c	153.6 b	-18.6 b	0.88 b
NPKM	168.8 b	192.7 a	-23.9 b	0.88 b
NPKS	294.6 a	193.5 a	101.1 a	1.52 a

注：2010 年、2011 年、2013 年、2014 年 4 年平均；钾素表观平衡系数=钾素投入总量/钾素输出总量。

NPKM 与 NPKS 处理每年钾素带走量基本相当，而 NPKM 处理每年钾素输入量低于 NPKS 处理，故 NPKM 处理每年仍表现钾素亏缺，亏缺程度甚至高于 NPK 处理，故对黄泥田钾素定向培肥而言，秸秆还田可替代部分钾肥，但应补充更多的有机肥。研究表明，在土壤钾素含量较高的情况下，稻-油轮作区开展连续秸秆还田不仅能够降低钾肥投入量（水稻季与冬油菜比推荐施肥分别减量钾肥 42.2% 与 31.2%），获得较高的粮油经济产量，还可提高土壤有效钾含量并维持农田系统养分平衡。鄂东丘陵区、鄂中丘陵岗地区和江汉平原区秸秆还田条件下保证水稻产量（即 NPK 处理产量）时，平均钾肥用量分别为 K_2O 19.9、14.9 和 54.2 kg/hm^2，比推荐钾肥用量节约 66.8%、75.2% 和 9.7%（刘秋霞 等，2015）。在本研究条件下，当黄泥田外源钾肥（K_2O）用量达到 161.8 kg/hm^2 时达到钾素平衡，这与 NPKS 处理理论上每年秸秆还田量 K_2O 159.6 kg/hm^2 基本相当，但黄泥田秸秆还田具体可替代钾肥量有待进一步验证。

第三节　土壤-植株钾素及盈亏对钾肥投入量响应

相对土壤全钾与缓效钾而言，土壤速效钾与土壤钾盈亏量关系密切。土壤钾盈亏量、土壤速效钾含量均分别与钾肥投入量呈极显著正相关（$P<0.01$，图 7-2）。可推算出每年钾肥投入量达到 161.8 kg/hm^2 时，土壤钾素处于养分盈亏平衡状态（$y=0$），而在该用量条件下，其对应的土壤速效钾含量为 95.3 mg/kg，这与土壤盈亏量与速效钾拟合回归方程推算的十分接近。如果在土壤盈亏平衡基础上，土壤速

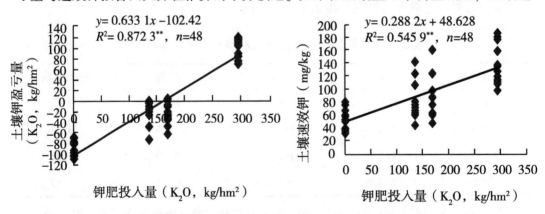

图 7-2　土壤钾素盈亏量与土壤速效钾含量对钾肥投入量的响应

效钾含量提高 10%，即达到 104.8 mg/kg，土壤钾肥投入量则需达到 195.0 kg/hm²。这为土壤钾素定向培育提供了施肥依据。

图 7-3 表明，收获期籽粒钾、秸秆钾含量分别与钾肥投入量呈极显著与显著正相关（$P<0.05$）。表明随着钾肥投入量的增加，在增加土壤速效钾的同时，植株单位钾吸收累积量也随之增加。

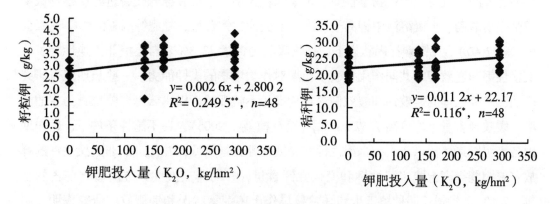

图 7-3　植株钾含量对钾肥投入量的响应

水稻籽粒全钾含量与籽粒、秸秆产量分别呈显著与极显著正相关（$P<0.05$，表 7-4），秸秆全钾含量与籽粒产量呈极显著正相关（$P<0.01$）。籽粒及秸秆产量与土壤速效钾均呈极显著正相关（$P<0.01$）。此外，土壤钾素盈亏量、钾肥用量均分别与籽粒及秸秆产量呈极显著正相关（$P<0.01$）。说明钾肥用量、土壤速效钾含量、土壤钾盈亏量及籽粒钾含量与植株产量关系密切，速效钾含量相对缓效钾及全钾更能直接反映黄泥田生产力水平。

表 7-4　水稻植株钾、土壤钾及土壤钾平衡与产量间的相关系数（$n=48$）

项目	籽粒产量	秸秆产量
籽粒钾	0.36*	0.64**
秸秆钾	0.42**	0.09
土壤速效钾	0.47**	0.48**
土壤缓效钾	0.07	0.30*
土壤全钾	0.08	0.03
钾素盈亏量	0.65**	0.55**
钾肥用量	0.78**	0.77**

土壤速效钾（包括水溶性钾与交换性钾）仅占土壤全钾的 0.2%～2.0%，土壤缓效钾（非交换性钾）占土壤全钾的 2%～8%。缓效钾作为钾素转化的中间产物，起到了很好的纽带作用（包耀贤 等，2008）。金继运（1993）认为在评价土壤钾对当季作物的有效性时，往往以速效钾作为主要指标，而在评价土壤钾对作物的长期有效性时，则不仅要考虑速效钾的水平，更要注意非交换性钾的贮量及其释放速率。土壤非交换性钾的释放受土壤矿物学性质、土壤颗粒大小、干湿和冻融交替过程、植物根系及微生物活动、土壤溶液中钾离子浓度和非交换性钾含量、施肥等因素的影响（张会民 等，2007）。在钾素耗竭状态下，作物吸收的钾素 33.3% 来自土壤非交换性钾，非交换性钾和速效钾的共同作用代表了土壤对作物当季的供钾能力。一些长期定位研究表明，施钾处理的速效钾和缓效钾含量均高于不施钾的，以水云母、蒙皂石为主的土壤，缓效钾含量年均可高 7.67 mg/kg（范钦桢 等，2005），在不施钾条件下，轮作期内各土壤钾素消耗量较大，水溶性钾和交换性钾含量较低，并促进了非交换性钾的释放；施肥能提高土壤水溶性钾和交换性钾含量，并向非交换性钾方向转化（占丽平 等，2013）。贵州长期种植玉米和马铃薯旱作土壤钾素状况和钾肥效应研究表明，两种作物种植区的土壤速效钾与缓效钾含量均和作物产量呈显著正相关（赵欢 等，2016）。本研究条件下，速效钾与缓效钾对土壤盈亏平衡响应不同。施肥处理土壤速效钾随着土壤钾素的盈余而增加，随着土壤钾素的亏缺而降低，但不论盈或亏，不同处理间土壤缓效钾均无明显变化。这可能是在盈余条件下，由于红壤性稻田主要以非胀缩性的高岭土矿物为主，固钾能力较低，增加的水溶性钾或交换性钾离子难以进入矿物层间而被固定，因而施肥并未明显增加缓效钾含量。而在钾素亏损条件下，土壤速效钾供给目前尚能满足作物需求。以 NPK 处理为例，2010 年、2011 年、2013 年、2014 四个年份每年钾素（K_2O）亏损量为 18.6 kg/hm^2，相当于土壤每年速效钾库容量的 6.9%，另外由于各处理每年均有部分根茬回田，其快速分解矿化也一定程度上补充了速效钾库，因而土壤亏缺对促进缓效性钾释放影响不大。另从土壤钾素含量与产量关系来看，籽粒、秸秆产量与速效钾含量均呈显著正相关，说明相对缓效钾而言，速效钾更能直接反映稻田生产力的水平，但长期钾素亏缺消耗造成农田库容减少，有可能导致速效钾持续下降，进而促进了缓效钾释放以满足作物养分需求。

第四节　土壤钾素肥力定向培育

随着我国复种指数的增加、高产作物品种的推广、农业集约化程度的提高以及氮磷肥的大量施用，作物带走钾素增多，土壤钾素亏缺将逐渐加大（谭德水 等，2008）。由于红壤性水稻土中黏土矿物以非胀缩性的高岭石为主，土壤供钾能力有限，钾素缺乏已成为制约红壤区作物产量的主要因素之一（岳龙凯 等，2015）。本研究表明，与化肥配施牛粪相比，黄泥田化肥配合秸秆还田对提升土壤速效钾含量与实现钾素盈余具有明显优势。这一方面与秸秆还田实际带入的钾量要高于牛粪有关（牛粪实际还田钾量约相当于秸秆还田的 57%），另一方面，也可能与有机物料钾素矿化能力存在差异以及施肥对农田土壤固钾率影响不同有关。首先从有机物料钾素矿化能力来看，华南地区水稻秸秆腐解一年后的有机碳残留率为 0.29 g/g，牛粪则为 0.49 g/g（王金洲，2016）。稻田秸秆还田淹水 3 d，秸秆中 90% 的钾离子可以快速释放，进入土壤并供下茬作物利用。说明秸秆腐解速率要明显高于牛粪，牛粪的钾离子释放相对较慢，因而供钾速率低，土壤速效钾含量也相对较低。从施肥对红壤性稻田钾固定影响来看，长期施用化肥钾和稻草能降低红壤性水稻土固钾率，长期不施用钾肥或不施用足够的钾肥则会提高土壤固钾率，且随钾素施用量的增加，土壤固钾率降低的趋势越明显（廖育林 等，2016）。另据研究，水稻从土壤吸收的养分中，留在秸秆中的比例大概是氮 30%、磷 20%、钾 80%、钙 90%、镁 50%、硅 80% 以上，即稻草中所含的养分较高（张玉屏 等，2009）。本研究条件下秸秆钾素所占植株的比例为 80.3%～82.6%，因而秸秆还田提升速效钾含量优势较为明显。秸秆还田后，水稻籽粒与秸秆中的钾含量与累积量较单施化肥显著提高，因而秸秆还田不仅可定向提高土壤速效钾供给，而且还可改进籽粒钾素营养，提高籽粒营养品质。值得一提的是，长期施肥下 NPKM 与 NPK 处理的土壤速效钾含量基本相当，一方面固然与牛粪缓慢释放钾离子有关，另一方面，NPKM 处理虽然投入量高，但每年籽粒与秸秆钾离子带走量均显著高于 NPK 处理，两个处理的表观平衡系数也一致，因而 NPKM 处理的土壤速效钾含量较 NPK 处理未呈明显优势。但也有文献研究表明，配施畜禽有机肥提升速效钾的能力要优于秸秆还田（王西和 等，2016），这可能与有机肥种类、用量及气候特点有关。

土壤有机质含量的高低既能反映土壤的物理状况，又反映了土壤的养分状况，故被认为是土壤肥力的综合评价指标之一。课题组研究表明，黄泥田土壤有机碳变化量与水稻产量变化量呈极显著正相关（土飞 等，2015）。通过施用化肥、有机肥或秸秆还田等措施，土壤生产力提升，并增加了根际沉积，这在一定程度上提升了土壤有机碳库，同时有机物料钾素带入也增加了土壤钾库容（全钾）。另外，外源钾主要以游离态的钾离子形式补充土壤而被土壤胶体吸附，这些吸附的钾离子可被氢离子和铵离子交换而成为有效钾供应植株生长，故全钾、速效钾含量均与有机碳关系密切。但土壤缓效钾（非交换性钾）不同，缓效钾主要是指易风化含钾矿物晶格内含有的钾和土壤固钾矿物所固定的钾，由于缓效钾多存在于黏土矿物的层间，与交换性钾的平衡速率较慢，所以不易与溶液中阳离子发生交换，难以直接被作物吸收，本研究中土壤缓效钾含量受各施肥影响变化不明显，故缓效钾与有机碳变化无明显相关。

第五节 主要结论

NPK 化肥配合秸秆还田可显著提高黄泥田土壤速效钾含量，而对土壤缓效钾含量影响不显著。NPK 化肥与秸秆还田配合施用，土壤每年可盈余钾素（K_2O）101.1 kg/hm²，而化肥单施或配合有机肥，土壤钾素每年亏缺 18.6~89.4 kg/hm²。钾肥（K_2O）每年用量达到 161.8 kg/hm²时，土壤钾素处于平衡状态，其对应的土壤速效钾含量为 95.3 mg/kg。

黄泥田水稻产量与钾肥用量、土壤速效钾含量及钾盈亏量有关。秸秆还田是快速补充土壤速效钾的有效途径，黄泥田通过秸秆还田实现土壤钾素盈余与提升土壤速效钾的速率要明显高于单施化肥或化肥配施牛粪。

第八章
黄泥田土壤–水稻碳氮磷生态化学计量学特征

生态化学计量学是研究生物系统能量平衡和多重化学元素平衡的学科，它对揭示土壤养分的限制状况以及 C、N、P 循环和平衡机制具有重要意义，因而受到国内外学者广泛关注。生态化学计量学主要强调 C、N、P 等三种主要组成元素的关系。其中，N 和 P 是植物生长的限制性养分，C 是构成植物体干物质的最主要元素，三者密切相关。通常认为，生物有机体在变化的环境中具有维持其自身化学元素组成相对稳定的能力，即"内稳态机制"。但是大量研究证实，环境因子的变化能显著影响陆地植物 C、N、P 生态化学计量学特征。在限制性养分判断方面，Aerts et al.（1999）研究认为，叶片对 N、P 养分缺乏的适应可体现在叶片 N：P 化学计量比的变化上，而 Oheimb et al.（2010）认为通过叶片 N：P 很难估计自然土壤养分限制情况，除非比值特别高（＞20）或特别低（＜10）。Zhang et al.（2015）研究表明，由于各个物种对养分需求不同，用单一物种的叶片 N：P 来评价整个植物群落的养分限制情况并不合适。不同种群结构的 C、N、P 含量及生态化学计量比所指示的信息差异较大，用统一的标准来衡量生态系统的限制性养分并不合适，只有结合具体的生态系统及耕作环境来探讨养分供应状况才有实际价值。长期不同施肥是否导致黄泥田水稻养分利用变化，进而改变土壤与植株生态化学计量学特征？反之，植株 C、N、P 生态化学计量学特征能否作为判断黄泥田土壤 N、P 养分限制的依据？显然，掌握上述信息对黄泥田养分精准诊断与管理具有深远意义。为此，基于 28 年的南方黄泥田施肥定位试验，研究长期施肥下的土壤与植株C、N、P 含量变化特征，探讨植株、土壤生态化学计量学特征与产量的关系，旨在揭示黄泥田土壤 N、P 养分供应状况，进而为黄泥田养分精准管理提供依据。为了减少长期施肥下单一年份的试验数据误差，本研究于相邻集中年份 2010 年、2011年、2013 年、2014 年采集土壤与植株样品进行分析。

第一节　土壤-植株碳、氮、磷含量及生态化学计量比

与 CK 处理相比，长期施肥显著提高了土壤有机 C、全 N、全 P 含量，其中有机 C 增幅 11.3% ～ 39.1%，全 N 增幅 19.3% ～ 43.1%、全 P 增幅 34.5% ～ 69.0%，均达到显著差异水平（表 8-1）。对各施肥处理而言，NPKM 与 NPKS 处理的土壤有机 C、全 N 含量均显著高于 NPK 处理，NPKM 处理的全 P 含量也显著高于 NPK 处理，此外，NPKM 处理的 C、N、P 含量也总体高于 NPKS，其中有机 C

与全 P 含量差异均显著。从土壤生态化学计量学特征来看，施肥有降低土壤 C∶N、N∶P、C∶P 的趋势。进一步研究显示，NPK 与 NPKS 处理的土壤 C∶N 较 CK 处理显著降低，NPK、NPKM 处理的 N∶P、C∶P 也较 CK 处理显著降低。土壤有机 C、全 N、全 P 相互间均呈极显著正相关（图 8-1）。

表 8-1　不同施肥对土壤养分及其生态化学计量学的影响

处理	有机 C（g/kg）	全 N（g/kg）	全 P（g/kg）	C∶N	N∶P	C∶P
CK	14.41±0.68 d	1.50±0.11 c	0.29±0.01 c	9.64±0.39 a	5.10±0.36 a	49.04±1.56 a
NPK	16.05±0.09 c	1.79±0.04 b	0.39±0.01 b	8.99±0.16 b	4.62±0.05 bc	41.51±0.52 b
NPKM	20.06±0.66 a	2.14±0.03 a	0.49±0.03 a	9.36±0.21 ab	4.41±0.29 c	41.33±3.54 b
NPKS	18.50±0.30 b	2.08±0.02 a	0.41±0.02 b	8.91±0.20 b	5.08±0.20 ab	45.25±1.70 ab

注：表中数据为平均值±标准差。同列不同小写字母表示不同处理差异显著，下同。

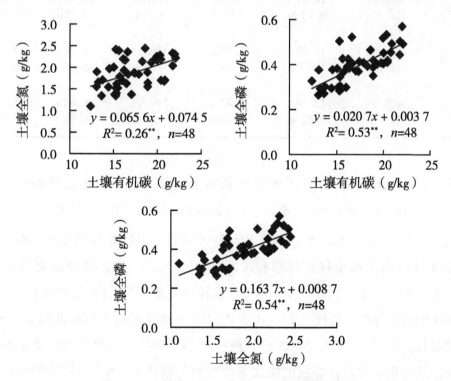

图 8-1　土壤有机 C、全 N、全 P 含量相关性

　　不同施肥收获期的水稻籽粒有机 C、秸秆有机 C 含量与 CK 处理均无显著差异（表 8-2）。而对植株 N、P 养分而言，施肥均不同程度地提高了收获期籽粒与秸秆的全 N、全 P 养分含量。从籽粒来看，与 CK 处理相比，各施肥的全 N、全 P 含量分别增幅 9.6% ～ 23.4%、27.8% ～ 54.8%，除 NPK 处理籽粒全 N 含量外，差异均显著（$P<0.05$）。不同施肥处理的籽粒 N、P 含量均以 NPKM 最高，均显著高于 NPK 处理（$P<0.05$）。从秸秆养分来看，各施肥的秸秆全 N、全 P 养分较 CK 增幅分别为 20.1% ～ 52.8%、29.4% ～ 145.6%，差异均显著（$P<0.05$），同样以 NPKM 处理最高。

表 8-2　不同施肥对水稻籽粒、秸秆 C、N、P 含量的影响

处理	籽粒（g/kg）			秸秆（g/kg）		
	有机 C	全 N	全 P	有机 C	全 N	全 P
CK	415.8± 7.4 a	11.65± 0.48 c	1.86± 0.15 c	352.7± 1.3 ab	5.53± 0.90 c	0.47± 0.09 c
NPK	428.0± 16.4 a	12.77± 0.73 bc	2.38± 0.02 b	361.3± 6.6 a	6.65± 0.23 b	0.68± 0.06 b
NPKM	409.8± 10.6 a	14.38± 0.34 a	2.88± 0.05 a	359.3± 7.4 a	8.46± 0.09 a	1.16± 0.06 a
NPKS	410.0± 6.7 a	13.58± 0.42 ab	2.43± 0.16 b	349.7± 7.3 b	6.84± 0.51 b	0.61± 0.05 b

　　从籽粒、秸秆生态化学计量学特征来看（表 8-3），各处理籽粒 C∶N 28.51 ～ 35.75、N∶P 4.99 ～ 6.29、C∶P 142.1 ～ 224.0，秸秆 C∶N 42.49 ～ 64.81、N∶P 7.28 ～ 11.76、C∶P 309.4 ～ 762.2。与 CK 处理相比，施肥处理不同程度地降低了水稻籽粒与秸秆 C∶N、C∶P、N∶P，其中施肥处理籽粒 N∶P、C∶P 及秸秆 C∶N、C∶P 与 CK 差异均显著。与 NPK 处理相比，NPKM 与 NPKS 处理的籽粒、秸秆 C∶N、C∶P、N∶P 总体呈进一步降低趋势（NPKS 处理的籽粒、秸秆 N∶P 与 NPKS 处理秸秆 C∶P 除外），其中 NPKM 处理降幅尤为明显。从中也可看出，各施肥模式下的籽粒与秸秆 C∶N∶P 计量特征基本表现一致。

表 8-3 不同施肥对水稻籽粒、秸秆的 C、N、P 生态化学计量的影响

处理	籽粒			秸秆		
	C : N	N : P	C : P	C : N	N : P	C : P
CK	35.75± 1.72 a	6.29± 0.71 a	224.0± 15.6 a	64.81± 9.89 a	11.76± 1.22 a	762.2± 143.6 a
NPK	33.55± 1.18 a	5.36± 0.33 b	179.7± 8.4 b	54.42± 2.72 b	9.84± 0.76 ab	535.0± 38.8 b
NPKM	28.51± 0.74 b	4.99± 0.17 b	142.1± 3.1 c	42.49± 0.62 c	7.28± 0.39 b	309.4± 21.0 c
NPKS	30.20± 0.80 b	5.59± 0.19 b	169.0± 10.2 b	51.27± 3.24 bc	11.25± 1.67 a	573.3± 52.5 b

施肥不同程度地降低了水稻植株的 C : N、N : P 与 C : P,尤其是 NPKM 处理。这主要原因是外源化肥及有机肥料的增加,土壤 N、P 有效养分供应增加,植株对 N、P 吸收能力增强,增加了植株体内 N、P 养分浓度,故 C : N 与 C : P 降低,而对 N : P 而言,虽然各施肥均补充了土壤 N、P 养分,但农田生态系统对外源补充的 N、P 养分需求呈现差异。对黄泥田而言,地处热带与亚热带红壤区,富铝化强烈,酸性较强,土壤磷素易被铁、铝固定,而不易被作物吸收利用,P 素当季利用率一般仅有 10%~25%(曾希柏 等,2006;张宝贵 等,1998;李寿田 等,2003),不施肥处理黄泥田有效 P 呈逐年下降趋势,且均在 5 mg/kg 以下,NPK 处理 2010 年有效 P 含量仅为 6.9 mg/kg(林诚 等,2014),P 素的表观平衡分析进一步显示各处理土壤出现不同程度亏缺而可能受到 P 素限制,NPKM 与 NPKS 处理则由于有机肥源中 P 素的输入得到一定程度上缓解。而对 N 素而言,尽管 CK、NPK 与 NPKS 处理 N 素表观亏缺,但当前农田系统中各处理较高的全 N 与碱解 N 水平说明土壤的供 N 能力仍较高(王飞 等,2011)。综合以上分析,各施肥处理通过优先补充稻田土壤 P 素供应从而降低了植株 N : P,其中 NPKM 处理由于 N 素盈余而 P 素亏缺,而对 P 素补充表现最为敏感,故其植株 N : P 与 C : P 在各处理中表现最低。土壤 P 素与植株养分计量比进一步研究显示,土壤全 P 还与植株 N : P、C : P 均呈显著负相关,随着外源 P 素的增加,植株 N : P、C : P 降低是由于受到农田生态系统 P 素限制。中国陆地生态系统生态化学计量学特征的 C : P 和 N : P 都高于全球陆地生态系统的平均水平,显示出我国陆地生态系统缺 P 现象更为明显,这与本研究的结果是一致的(Han et al.,2005;曾冬萍 等,2013)。

　　土壤养分供应不仅影响植株的 N：P 与 C：P，也反映到作物生长速率。高 P 含量的土壤，其植株较低的 N：P 呈现较快的生长速率（Dyer et al.，2001）；当受到 N 素限制时，拟南芥生长速度随着叶片 N：P 的升高而提高，而当受到 P 素限制时，植株生产速度则随着叶片 N：P 的升高而降低（Yan et al.，2015）。同样在 P 限制条件下，桦树幼苗 N：P 与生长率负相关，而在 N 限制下，N：P 与生长率正相关等（Agren，2004）。水稻产量（可视为生长速率）与植株的 C：P 与 N：P 均呈显著负相关（表 8-6），这进一步佐证了农田系统不同程度受到 P 素限制。黄泥田水稻植株 N：P 与产量关系对揭示该类稻田 N、P 限制有较好的指示作用，即较高的植株 N：P 与较低产量暗示土壤 P 素供应相对 N 素缺乏。

第二节　土壤-植株碳、氮、磷生态化学计量比及产量相互关系

　　无论是籽粒还是秸秆，其植株有机 C、全 N、全 P 含量均与土壤对应的有机 C、全 N、全 P 含量呈显著相关，其中植株有机 C 与土壤有机 C 呈显著负相关，而植株全 N、全 P 与对应的土壤全 N、全 P 呈显著正相关（图 8-2）。表明长期施肥下土壤有机 C、全 N、全 P 供应对植株养分吸收影响明显，即稻田 N、P 养分含量越高，

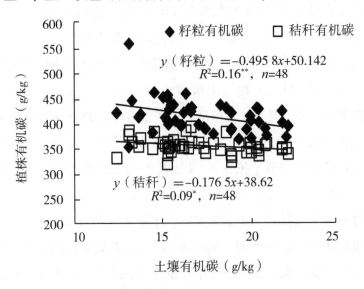

图 8-2　土壤与植株有机 C、全 N、全 P 含量相关性

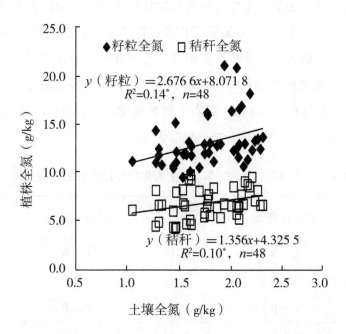

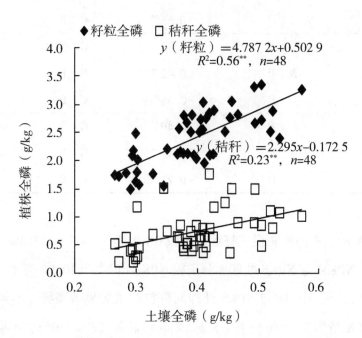

图 8-2　土壤与植株有机 C、全 N、全 P 含量相关性（续）

水稻植株吸收累积浓度也相应提高，而稻田有机 C 含量越高，植株有机 C 含量则相应降低。

福建黄泥田土壤肥力演变与改良利用

进一步研究显示，植株与土壤对应的化学计量比存在一定的相关性（表8-4）。其中，籽粒 C∶P 与土壤 C∶P 呈显著正相关，秸秆 C∶N 与土壤 C∶N 呈显著负相关，秸秆 N∶P 与土壤 N∶P 呈显著正相关。土壤有机 C 含量与植株 C∶N、C∶P 均呈显著负相关，土壤全 P 含量与植株 N∶P、C∶P 均呈显著负相关。当土壤 P 素增加时，植株 N∶P 与 C∶P 降低，而当土壤 N 素增加时，对植株 C∶N 与 N∶P 影响不明显，显示 P 素在农田生态系统是限制因子。

表8-4　土壤与植株 C、N、P 生态化学计量比间的相关系数

土壤因子	籽粒计量比	土壤与籽粒相关系数	秸秆计量比	土壤与秸秆相关系数
C∶N	C∶N	-0.14	C∶N	-0.32*
N∶P	N∶P	0.11	N∶P	0.43**
C∶P	C∶P	0.30*	C∶P	0.21
土壤有机 C	C∶N	-0.51**	C∶N	-0.66**
	N∶P	-0.28	N∶P	-0.39**
	C∶P	-0.63**	C∶P	-0.54**
土壤全 N	C∶N	-0.28	C∶N	-0.28
	N∶P	-0.42**	N∶P	-0.13
	C∶P	-0.54**	C∶P	-0.25
土壤全 P	C∶N	-0.49**	C∶N	-0.53**
	N∶P	-0.42**	N∶P	-0.35*
	C∶P	-0.71**	C∶P	-0.48**

表8-5 显示，不同施肥模式籽粒产量较 CK 增幅36.9% ～ 53.3%，差异均显著（$P<0.05$），NPKM 与 NPKS 处理也分别较 NPK 处理增产10.5%与12.0%，差异显著（$P<0.05$），但 NPKM 与 NPKS 处理间籽粒产量无显著差异。不同施肥处理的秸秆产量较 CK 增幅71.9% ～ 107.8%，差异均显著（$P<0.05$），不同施肥处理间秸秆产量差异也达到显著水平（$P<0.05$），其中以 NPKM 处理产量最高，较 NPK 增产20.9%，其次为 NPKS 处理，较 NPK 处理增产13.6%，NPKM 处理的秸秆产量也显著高于 NPKS 处理（$P<0.05$）。

· 104 ·

表 8-5　不同施肥对水稻产量的影响

处理	籽粒产量（kg/hm²）	秸秆产量（kg/hm²）
CK	5 343.4±112.0 c	2 669.5±169.1 d
NPK	7 313.8±176.6 b	4 588.9±78.0 c
NPKM	8 078.9±155.2 a	5 546.9±125.0 a
NPKS	8 189.0±188.5 a	5 213.2±37.4 b

表 8-6 显示，土壤有机 C、全 N、全 P 含量与籽粒及秸秆产量均呈极显著正相关（$P<0.01$）。土壤 N : P、C : P 与水稻籽粒产量呈显著或极显著负相关（$P<0.05$），土壤 C : N、C : P 与秸秆产量呈显著或极显著负相关（$P<0.05$）。籽粒与秸秆全 N、全 P 含量均分别与籽粒及秸秆产量呈显著或极显著正相关（$P<0.05$）。籽粒与秸秆 N : P、C : P 也均与产量均呈显著负相关（$P<0.05$）。

表 8-6　水稻产量与土壤及植株 C、N、P 生态化学计量学的相关系数

养分因子	籽粒产量	秸秆产量
土壤有机 C	0.58**	0.70**
土壤全 N	0.41**	0.83**
土壤全 P	0.63**	0.82**
土壤 C/N	0.13	-0.29*
土壤 N/P	-0.39**	-0.08
土壤 C/P	-0.32*	-0.47**
籽粒有机 C	-0.03	-0.07
籽粒全 N	0.31*	0.54**
籽粒全 P	0.43**	0.78**
籽粒 C/N	-0.16	-0.51**
籽粒 N/P	-0.45**	-0.42**
籽粒 C/P	-0.44**	-0.73**
秸秆有机 C	-0.02	0.19
秸秆全 N	0.58**	0.42**

（续表）

养分因子	籽粒产量	秸秆产量
秸秆全 P	0.57**	0.30*
秸秆 C/N	−0.58**	−0.41**
秸秆 N/P	−0.48**	−0.29*
秸秆 C/P	−0.59**	−0.40**

注：$n = 48$。

进一步研究显示，不同处理的土壤 N、P 养分表观平衡均以 CK 处理亏缺最为明显（表 8-7）。对各施肥处理土壤 N 素而言，NPK 与 NPKS 处理每年亏缺 13.1 kg/hm² 和 6.5 kg/hm²，而 NPKM 处理每年则出现盈余 10.2 kg/hm²。对土壤 P 素（P_2O_5）而言，施肥处理每年亏缺 16.3 ～ 19.2 kg/hm²，同样以 NPK 处理亏缺最为明显，其次为 NPKS 处理。上述说明，有机无机肥配施可缓解土壤 N、P 元素的亏缺甚至出现盈余。当然，表观平衡仅反映外源施肥投入与收获养分携出的关系，并未反映当前农田养分的供应情况，结合表 8-1 不同施肥处理的土壤全 N 与全 P 养分可知，各处理的土壤 N 素均处于较丰富水平，而 P 素均处于中等至缺乏水平，说明该农田土壤系统受 P 素限制的可能性较大。

表 8-7　不同施肥下农田土壤每年 N、P 养分表观平衡分析（kg/hm²）

养分	处理	总养分投入	籽粒养分携出	秸秆养分携出	总养分携出	养分表观平衡
N	CK	0	62.3 c	10.7 d	73.0 d	−73.0
	NPK	103.5	92.8 b	23.8 c	116.6 c	−13.1
	NPKM	159.8	115.0 a	34.6 a	149.6 a	10.2
	NPKS	130.8	109.9 a	27.3 b	137.3 b	−6.5
P_2O_5	CK	0	22.8 d	2.8 c	25.6 d	−25.6
	NPK	27	39.4 c	6.9 b	46.2 c	−19.2
	NPKM	51.4	53.2 a	14.6 a	67.8 a	−16.3
	NPKS	34.2	45.5 b	7.2 b	52.7 b	−18.5

注：各处理籽粒或秸秆每年 N、P 养分携出 = 籽粒或秸秆产量×对应的各处理籽粒或秸秆养分含量。

长期不同施肥均显著提高了黄泥田土壤有机 C、全 N、全 P 含量与水稻产量，NPKM 与 NPKS 处理对于培肥效果与提高产量尤为明显。其原因：一方面是由于外源有机物料的投入直接增加土壤 N、P 养分含量，有机物料腐殖化补充土壤碳库。另一方面，外源有机物料投入改善了土壤理化性状，促进水稻生长，增加根系沉析与还田量，故土壤养分相应提高，进而农田固碳速率也相应提高（王飞 等，2015；潘根兴 等，2006）。邱建军等（2009）也研究表明，在其他投入既定的条件下，全国各地区均存在通过提高耕地土壤有机 C 含量来增加作物产量潜力的情况。保持较高水平的土壤有机碳含量对节本增效具有十分明显的作用。长期试验结果也显示，土壤有机 C、全 N、全 P 含量与产量均呈极显著正相关（$P<0.05$），土壤 N、P 养分与对应的植株 N、P 养分也均呈显著正相关（$P<0.05$），说明土壤 C、N、P 库总量供应水平与黄泥田产量及植株养分累积具有协同性，土壤 C、N、P 是影响黄泥田生产力的重要指标，NPKM 处理对黄泥田定向培肥效果最为明显。

第三节 黄泥田土壤限制性养分阈值

蔡祖聪等（2006）研究表明，即使不考虑作物、土壤等因素，土壤有效养分的含量临界值只能给出是否需要施用某一种养分的答案，并不能给出对于特定的作物养分供应之间是否平衡的判断，通过作物收获物养分含量和比值及其产量分析，有可能为施肥是否满足作物对养分的均衡需求提供一个诊断标准。根据水稻收获物产量与植株 N、P 计量比定性关系佐证了这一观点，但是否存在具体的黄泥田 N、P 养分限制阈值标准？以往研究表明，土壤生命群落为了适应资源的生态化学计量比其自身计量比可以发生弹性变化（Tischer et al.，2014），但也受到阈值限制，当湿地植物组织叶片 N∶P<14 时，植物生长表现为受 N 限制；当 N∶P>16 时，表现为受 P 限制；当 $14<$ N∶P<16 时，则同时受 N、P 限制或两者均不缺少（Tessier et al.，2003；Koerselman et al.，1996）。该临界指标可以揭示岩溶生态系统植被演替阶段（草地-灌丛-次生林-原始林）呈现从 N 素限制到 P 素限制的变化过程（Zhang et al.，2015）。但也有一些研究认为，当植物 N∶P<10 时，植物生长表现为受 N 限制；当 N∶P>20 时，表现为受 P 限制（Sardans et al.，2012，Gvsewell，2004）。对黄泥田而言，本研究不同处理的籽粒 N∶P 为 4.99～6.29，秸秆 N∶P 为 7.28～11.76，二者均小于 14，按照上述的阈值标准（14～16），农田可能受到

N 素限制，但从以上分析来看，农田土壤不同程度地受到 P 素限制更为明显。说明表征黄泥田 P 素限制的植株 N：P 阈值可能要比湿地作物（14~16）低。植株生态计量判断方法如结合土壤养分化学诊断可为黄泥田作物 N、P 养分相对平衡及丰缺状态提供依据，可以实现黄泥田作物的平衡施肥并指导实际生产。但植株 N：P 达到哪个参照值时，哪种元素是限制性的还需结合养分添加试验做进一步研究。

第四节　主要结论

长期施肥明显提高了南方黄泥田土壤有机 C、全 N、全 P 含量，以 NPKM 处理最高，施肥也明显提高了植株 N、P 养分含量。土壤有机 C、全 N、全 P 含量与水稻籽粒、秸秆产量均呈极显著正相关。说明土壤 C、N、P 总量供应水平是影响黄泥田生产力的重要指标，NPKM 则对黄泥田定向培肥效果最为明显。

随着外源 N、P 素的补充，各施肥均不同程度地降低了籽粒与秸秆 C：N、N：P、C：P；与 NPK 处理相比，NPKM 与 NPKS 处理的籽粒与秸秆 C：N、C：P、N：P呈进一步降低趋势，NPKM 处理降幅尤为明显。

不同施肥模式下，水稻植株 N：P 及 C：P 与土壤 P 素、植株产量均呈显著负相关，显示出黄泥田各施肥处理不同程度受到 P 素限制而 N 素供应相对丰富，这与土壤养分化学诊断结果一致。

第九章
黄泥田土壤中微量元素演变

钙、镁、硫均属于作物必需的中量营养元素。土壤钙含量与成土母质、地球化学作用相关，钙是易移动元素，降水是影响土壤钙含量的主要因素，在南方强淋溶环境下土壤表层钙含量在 1% 以下（吴刚 等，2002）。钙是植物细胞壁、细胞膜的重要组成部分，参与植物体内的信号转导等；还对促进土壤团聚作用、维持土壤酸碱平衡、固化重金属元素起着重要的作用（门中华 等，2006）。随着农业集约化水平不断提升，大量化肥施用导致土壤中 NO_3^--N 的积累促进土壤碳酸钙溶解而脱钙，并且土壤溶液中的 NH_4^+、K^+ 与土壤吸附性 Ca^{2+} 交换降低 Ca^{2+} 的饱和度，土壤表层钙淋失率增加（史红平 等，2016）。

镁是植物生长必需的矿质营养元素之一。主要受土壤母质与气候因素影响，基本上呈北高南低的趋势分布，镁缺乏地区主要集中在长江以南（白由路 等，2004）。

硫被称为植物营养的第四大元素。作物缺硫不仅产量下降，品质也会降低。近年来，不含硫或含硫少的肥料施用增多，而作物产量增加带走土壤硫随之增加，造成土壤硫素的不平衡，使许多作物出现缺硫或亚缺硫的症状。

铁是植物体内含量最高的必需微量元素，在植物体内含量通常在 100～300 mg/kg，占植物干重的 0.02%（张文静 等，2021），参与植物的生理生化途径、生长发育过程和产量品质形成，是光合作用、生物固氮和呼吸作用中的细胞色素和非血红素铁蛋白的组成。

锰是植物必需的微量营养元素。锰在土壤含量为 20～3 000 mg/kg，平均含量 600 mg/kg；研究表明土壤 pH 值与有效锰呈极显著负相关（肖雪 等，2021），缺锰情况一般发生在 pH 值高、质地疏松的土地上。因此可以通过施用酸性肥料或是增加有机肥料的用量调节土壤 pH 值，或通过施用锰肥提高土壤有效锰含量。

我国土壤铜含量为 3～300 mg/kg，平均为 22 mg/kg。铜是植物必需元素，是植物细胞的构成元素。铜在植物光合作用、呼吸作用、氧化胁迫防御、细胞壁代谢、激素的感知等各种生理活动中发挥关键作用。

锌是植物必需的微量元素。我国土壤锌含量 3～790 mg/kg，平均 100 mg/kg（刘铮，1994），土壤中能被作物吸收利用的锌为有效锌。对多数作物，体内锌浓度低于 15 mg/kg，即缺乏锌，但浓度高于 400 mg/kg 会造成锌中毒（孙桂芳 等，2002）。二十世纪七八十年代，中国农田有效锌含量呈现南高北低分布，土壤有效锌含量总体呈增加趋势（王子腾 等，2019）；但缺锌水稻土在某些区域上有增加的趋势，尤其是在高 pH 值的石灰性水稻土上缺锌严重，东北地区土壤缺锌比例最高，华南地区缺锌比例最低（张璐 等，2020）。

硼是植物的必需元素。我国土壤硼大致分布规律由北向南、由西向东呈逐渐降低的趋势；成土母质决定土壤含硼量，我国南部大面积分布由花岗岩发育而来的土壤，其中全硼与有效硼含量较低，全硼含量为 7 mg/kg（刘铮 等，1978）；并且南方湿润多雨，常由于强烈的淋洗作用而导致硼的损失，进一步降低了有效硼的含量。提高土壤硼含量对硼敏感作物如油菜、花生、大豆等能够有效提高产量和品质。

南方是我国水稻的主产区，但中低产田比重大，施用氮、磷、钾肥在提高水稻产量方面发挥着重要作用，但是随着现代农业中化肥的大量施用与传统有机肥用量的锐减，农田的中、微量元素直接投入日趋减少。作为目前南方稻田普遍的施肥模式，长期单施化肥是否存在中微量元素亏缺与失衡的风险？为此，基于黄泥田水稻肥料长期定位试验，研究比较了长期单施化肥、化肥与秸秆或牛粪配施对土壤中微量元素含量的影响。

第一节　土壤交换性钙、镁与有效硫演变

从 2008 年与 2018 年两个年份的土壤中量元素含量来看，与 CK 处理相比，2008 年施肥处理交换性 Ca 含量增幅 8.5%～48.3%，交换性 Mg 除单施化肥外，增幅为 2.0%～2.7%，有效 S 含量增幅 36.5%～82.9%，有机无机肥配施处理的交换性 Ca、交换性 Mg 和有效 S 含量与 CK 差异均显著（$P<0.05$，表 9-1）；2018 年施肥处理的变化趋势与 2008 年基本相似。有机无机肥配施处理的土壤交换性 Ca、交换性 Mg 与有效 S 含量均高于 CK 处理，其中 NPKM 与 NPKS 处理的有效 S 含量分别较 CK 提高 83.1% 与 50.2%，差异均显著（$P<0.05$）。值得一提的是，单施化肥的土壤交换性 Mg 含量与 CK 相比呈降低的趋势，这与施肥对土壤交换性 Ca、有效 S 的影响不一，可能是长期单施化肥导致 Mg 素投入不足，因而土壤交换性 Mg 含量相对较低，甚至低于 CK 处理。而化肥与牛粪或秸秆配施处理，每年均补偿了土壤镁等营养元素亏缺，故交换性 Mg 含量相对较高。对 Ca 与 S，由于供试磷肥采用过磷酸钙，施用化肥的同时也补偿了土壤 Ca 与 S 素，从而使单施化肥处理的土壤 Ca 与 S 含量仍高于 CK。这也从侧面说明了传统磷肥在平衡土壤养分方面仍然发挥着重要作用。

表9-1　不同施肥下土壤交换性钙、镁与有效硫含量（mg/kg）

处理	2008 年			2018 年		
	交换性 Ca	交换性 Mg	有效 S	交换性 Ca	交换性 Mg	有效 S
CK	444. 46 b	87. 29 ab	21. 91 b	610. 66 b	37. 48 a	21. 00 b
NPK	482. 23 b	77. 07 b	29. 91 ab	595. 12 b	31. 61 b	32. 82 a
NPKM	658. 96 a	89. 62 a	37. 52 a	716. 32 a	38. 13 a	38. 46 a
NPKS	612. 73 a	89. 00 a	40. 07 a	642. 45 ab	34. 07 ab	31. 55 a

第二节　土壤有效铁、锰、铜、锌、硼演变

1. 土壤有效 Fe

不同处理有效铁含量随试验年限总体呈下降趋势，但均高于临界值 4.5 mg/kg，说明有效铁不构成黄泥田肥力限制因子。从历年平均结果来看，施肥处理有效铁含量较 CK 处理增幅 6.4%～63.8%，差异均显著（$P < 0.05$），其中以 NPKM 处理增加最为明显，较 NPK 处理提高 53.9%，NPKS 处理也较 NPK 处理提高 25.1%。这说明有机无机肥配施有助于提高有效 Fe 含量。

2. 土壤有效 Mn

不同处理有效 Mn 与有效铁的演变趋势基本一致，均随时间序列总体呈下降趋势。与 CK 处理相比，均高于临界值 7.0 mg/kg，说明有效 Mn 不构成黄泥田肥力限制因子。从历年平均结果来看，NPK 处理较 CK 处理有所降低，差异不显著，而 NPKM 与 NPKS 处理较 CK 处理分别提高 32.6%与 26.1%，差异显著。这说明有机无机肥配施有助于提高有效 Mn 含量。

3. 土壤有效 Cu

与有效 Fe、Mn 含量不同，不同处理的有效 Cu 含量随时间序列呈上升趋势，各处理除了初始年份有效 Cu 低于临界值 2.0 mg/kg，其余均高于临界值。从历年平均结果来看，施肥均不同程度提高了有效 Cu 含量，其中以 NPKM 处理增加最为明显，较 CK 处理增加 15.7%，差异显著。

4. 土壤有效 Zn

不同处理有效 Zn 含量随时间序列呈平稳波动状态，但均高于临界值 1.5 mg/kg。从历年平均结果来看，NPK 处理较 CK 处理有所降低，差异不显著，而 NPKM 与 NPKS 处理较 CK 处理分别提高 62.6% 与 27.0%，差异显著（$P<0.05$），二者也显著高于 NPK 处理（$P<0.05$），分别提高 66.5% 与 30.1%，说明有机无机肥配施有助于提高土壤有效 Zn。

5. 土壤有效 B

不同处理有效 B 含量波动较大，但总体低于临界值 0.5 mg/kg。从历年平均结果来看，施肥均不同程度提高了有效 B 含量，较 CK 处理增幅 22.4%～54.1%，其中 NPKM 与 NPKS 处理与 CK 处理差异显著，说明有机无机肥配施有助于提高有效 B 含量，尤其是 NPKM 处理。

除土壤有效 B 外，各处理土壤的有效微量元素含量均高于临界值（图 9-1），

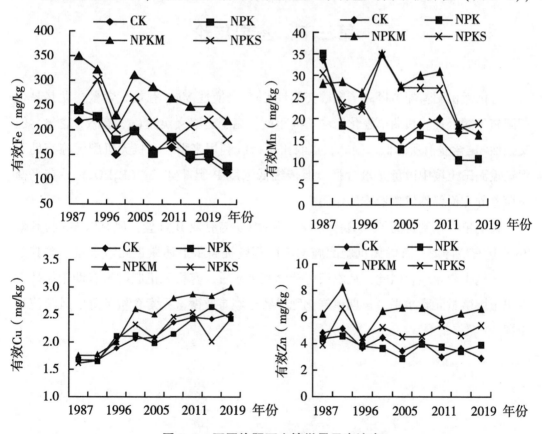

图 9-1　不同施肥下土壤微量元素演变

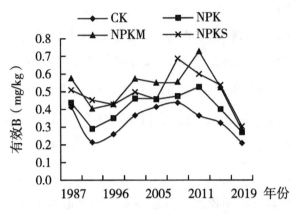

图 9-1　不同施肥下土壤微量元素演变（续）

因而目前来看，土壤微量元素缺乏的风险较小，这主要源于土壤有效微量元素的背景值相对较高，但单施化肥导致土壤有效微量元素含量下降的风险仍应值得重视。

第三节　主要结论

有机无机肥料配施提高了土壤交换性 Ca、交换性 Mg、有效 S 含量，尤其是化肥配施牛粪处理。长期单施化肥均不同程度提高了土壤交换性 Ca、有效 S 含量，但交换性 Mg 含量有所降低。因此，从农田可持续利用来看，有机无机肥配施有助于保证黄泥田土壤中微量元素含量，但传统低浓度 P 肥［如 $Ca(H_2PO_4)_2$］在平衡土壤养分方面仍然发挥着重要作用。

长期单施化肥提高了土壤有效 Fe、有效 Cu 与有效 B 含量，但有效 Mn 与有效 Zn 含量有所降低，有机无机肥配施均不同程度提高了上述微量元素含量，尤其是化肥配施牛粪处理。因此，从农田可持续利用来看，有机无机肥配施有助于保持黄泥田土壤微量元素水平，长期单施化肥导致土壤有效微量元素含量下降的风险值得重视。

第十章
黄泥田土壤酶及微生物特征

土壤酶是土壤的重要组成，主要来自土壤微生物、植物和动物的活体或残体，参与包括土壤生物化学过程在内的自然界物质循环，在土壤的发生发育以及土壤肥力的形成过程中起着重要作用（王俊华 等，2007）。有研究表明施肥可提高土壤总体酶活性，且与主要土壤肥力因子有显著相关关系，施肥对评价土壤肥力水平有重要意义（周礼恺，1983；和文祥 等，2001；孙瑞莲 等，2003）。

土壤微生物在养分循环过程中起着重要作用，对保持土壤肥力及土壤可持续利用至关重要（Denef et al.，2009）。土壤微生物作为农田生态系统的重要组成部分，能够对长期施肥的累积作用产生敏感和快速的响应，是评价土壤质量、土壤肥力和作物生产力的重要指标（Krashevska et al.，2015）。土壤是微生物主要的生境之一，不同的气候条件、土壤类型和农业措施会对微生物数量产生不同的影响。因此，了解土壤生态系统中微生物的动态变化可为合理利用土壤资源和提高土壤肥力提供科学依据。土壤中分布最广且数量巨大的微生物有细菌、真菌、放线菌三大菌群，它们易于分离培养，是经典微生物学研究的热点之一。

氮循环是农田生态系统物质循环的重要组成部分，通过硝化细菌将土壤中的氨转化为硝酸，再与土壤中的金属离子作用形成硝酸盐，为植物生长发育提供营养物质。作为硝化作用的限速步骤，氨氧化作用则是氮循环的中心（Kowalchuk et al.，2000）。氨氧化过程可由氨氧化细菌（AOB）和氨氧化古菌（AOA）完成，AOB 和AOA 在环境中存在一定的生态位分异，导致不同的生态环境中两者对硝化作用的贡献存在差异。不同来源的肥料氮形态存在差异，由此可能影响氨氧化微生物的生态位和其贡献力。

真菌在农田土壤中广泛存在，并发挥重要作用。其通过调节土壤能量流动和养分转化、有机质积累、土壤结构形成、动植物残体分解和抑制病虫害等生物学过程，在维持土壤质量和生产力方面发挥重要功能（Burke et al.，2011；Clemmensen et al.，2013）。土壤真菌对人为干扰较为敏感，不同耕作方式、管理措施和轮作方式等可能引起土壤真菌群落组成和多样性的变化（Beauregard et al.，2010；Edwards et al.，2011）。一般认为，微生物多样性是反映土壤质量的重要指标，比如，较高的微生物多样性表明微生物对底物的利用率高（Bending et al.，2004；Liu et al.，2009）。除群落多样性之外，微生物功能也是反映土壤质量的重要因子。近年来，农家肥和秸秆经常作为肥料添加到稻田土壤中（Nakamura et al., 2003）。然而，对这些物料的投入对土壤，尤其是稻田土壤真菌群落结构和功能的认识并不明晰。

以中国南方典型稻田黄泥田为研究对象，本研究分析了不同施肥制度对黄泥田水稻土壤可培养微生物、氨氧化微生物以及真菌的影响，可以为合理施肥和保证农田土壤健康发展提供科学依据。

第一节　土壤酶活性

脲酶是一种将酰胺态氮水解转化为植物可以直接吸收利用的无机氮的酶。因此，它的活性一定程度上可以反映土壤的供氮水平与能力。长期试验第 29 年（2011 年）与第 36 年（2018 年）不同处理脲酶含量显示，施肥均不同程度提高了脲酶含量，尤其是 NPKM 与 NPKS 处理，第 29 年二者分别较 CK 显著处理提高 10.6% 与 18.7%，第 36 年二者分别显著提高 14.9% 与 20.3%。说明增施外源有机物质，尤其是配合稻草还田较单施化肥更有利于提高土壤脲酶活性。

磷酸酶是催化土壤中磷酸单酯和磷酸二酯水解的酶，它能将有机磷酯水解为无机磷酸，土壤中有机磷是在它作用下才能转化成可供植物吸收的无机磷。除第 29 年 NPK 处理除外，施肥同样提高了酸性磷酸酶活性，其中 NPKS 处理两个年度分别较 CK 处理提高 24.2% 与 26.8%，差异均显著。

转化酶是一种可以把土壤中高分子蔗糖分解成能够被植物和土壤微生物吸收利用的葡萄糖和果糖的水解酶，为土壤生物体提供充分能源，其活性反映了土壤有机碳累积与分解转化的规律。施肥同样提高了转化酶的活性。第 29 年施肥处理的转化酶活性较 CK 处理增幅 12.7%～53.6%，第 36 年增幅 17.0%～38.4%，以 NPKM 处理增加最为明显。

过氧化氢酶是参与土壤中物质和能量转化的一种重要氧化还原酶，在一定程度上可以表征土壤生物氧化过程的强弱。施肥总体提高了土壤过氧化氢酶的活性，其中第 36 年的施肥处理分别较 CK 处理增幅 5.2%～7.1%，差异均显著。

不同施肥处理土壤酶活性见表 10-1。

表 10-1　不同施肥处理土壤酶活性

| 处理 | 2011 年 | | | | 2018 年 | | | |
	脲酶 [mg (NH_3–N)/ kg]	酸性磷酸酶 [mg (P_2O_5)/ 100 g]	转化酶 [mL(0.1 mol/L Na_2S_2O_4) /g]	过氧化氢酶 [mL (0.1 mol/L KMnO_4)/g]	脲酶 [mg (NH_3–N)/ kg]	酸性磷酸酶 [mg (P_2O_5)/ 100 g]	转化酶 [mL(0.1 mol/L Na_2S_2O_4) /g]	过氧化氢酶 [mL (0.1 mol/L KMnO_4)/g]
CK	232.2 b	66.0 ab	7.14 b	2.76 a	49.97 c	261.6 b	1.12 c	1.54 b
NPK	235.1 b	54.0 b	8.84 ab	3.25 a	54.70 b	297.0 ab	1.31 bc	1.63 a
NPKM	256.7 ab	67.0 ab	10.97 a	3.51 a	57.40 ab	294.2 ab	1.55 a	1.65 a
NPKS	275.7 a	82.0 a	8.05 ab	2.85 a	60.10 a	331.6 a	1.50 ab	1.62 a

第二节　土壤可培养微生物数量

不同施肥处理下土壤细菌数量存在差异，与 CK 相比，NPK、NPKM、NPKS 处理的细菌数量分别显著增加了 66.7%、109.3%、77.2%（表 10-2）；并且 NPKM 和 NPKS 处理的细菌数量也显著高于 NPK 处理（$P<0.05$）。真菌是一种真核生物，能从动物、植物的活体、死体和它们的排泄物，以及断枝、落叶和土壤腐殖质中分解和吸收其中的有机物，也能将生物分解为各类无机物，使土壤肥力增强。NPK、NPKM 和 NPKS 处理均能显著提高土壤中真菌的数量，化肥配施牛粪和秸秆还田处理真菌数量提高极为显著，其数量分别较 CK 显著增加了 91.3% 和 110.7%，NPK 处理的真菌数量也较 CK 显著提高了 57.4%。放线菌在自然界分布广泛，主要以孢子或菌丝状态存在于土壤中，可以分解许多有机物，包括纤维素、半纤维素、木质素等复杂化合物，能促使土壤形成团粒结构而改善土壤质量。与 CK 处理相比，不同施肥处理均能显著增加土壤中放线菌的数量，增幅为 40.5%~66.4%，其中 NPKS 处理放线菌数量最多，其次为 NPKM 和 NPK 处理。以上结果说明，化肥配施有机物可显著增加黄泥田土壤细菌、真菌和放线菌的数量。

表 10-2 长期施肥下土壤可培养微生物数量（2012 年）

处理	细菌 （×10⁶ CFU/g 干土）	真菌 （×10⁴ CFU/g 干土）	放线菌 （×10⁵ CFU/g 干土）
CK	6.93±0.09 d	8.54±0.14 d	4.76±0.10 d
NPK	11.55±0.17 c	13.45±0.42 c	6.06±0.19 c
NPKM	14.51±0.24 a	16.34±0.18 b	7.17±0.35 b
NPKS	12.28±0.20 b	18.00±0.27 a	7.92±0.15 a

注：土样采集时间为 2012 年 10 月水稻收获期，下同。

从土壤可培养微生物数量与土壤养分之间的相关性分析（表 10-3）可知，细菌的数量与土壤全氮、全磷、碱解氮、速效钾含量呈显著或极显著正相关（$P<0.05$）；真菌与有机质、全氮、全钾、碱解氮和速效钾含量呈显著或极显著正相关（$P<0.05$）；放线菌与有机质、全氮、全钾、碱解氮和速效钾含量呈显著或极显著正相关（$P<0.05$）。

表 10-3 可培养微生物数量与土壤养分间的相关性分析

相关系数	有机质	全氮	全磷	全钾	碱解氮	速效钾	pH 值
细菌	0.82	0.94*	0.95*	0.62	0.98**	0.90*	-0.02
真菌	0.94*	0.96**	0.80	0.88*	0.96**	0.99**	-0.01
放线菌	0.96**	0.92*	0.77	0.93*	0.93*	0.99**	-0.03

NPK、NPKM、NPKS 施肥处理均能显著提高土壤细菌、真菌和放线菌的数量，尤以化肥配施牛粪和化肥配施秸秆还田的效果最为显著。牛粪和秸秆的施用可为微生物提供丰富的有机底物，从而显著增加土壤微生物的数量。可见肥料类型对黄泥田土壤微生物数量有显著影响。前人的研究也发现，施用有机肥能够显著提高土壤微生物数量。然而关于单施化肥对土壤微生物数量的影响，研究结果不尽一致。长期单施化肥比不施肥显著提高了土壤微生物的数量。Rinnan et al.（2007）研究也发现，施用 NPK 肥 15 年后，显著提高了土壤微生物数量。然而张恩平等（2009）报道，与不施肥相比，单施化肥 20 年显著降低了菜地土壤微生物数量。施用化肥对微生物数量的影响有两方面：一方面，施用化肥会导致土壤酸化，会抑制微生物的增殖（张恩平 等，2009）；另一方面，施肥会促进植物生长，植物根系分泌物可

为微生物生长提供更多的底物（Rinnan et al., 2007）。

第三节　土壤氨氧化微生物

黄泥田水稻土壤中氨氧化古菌丰度明显高于氨氧化细菌（图10-1），不同处理下 AOA 和 AOB 的 *amoA* 基因拷贝数发生了一定变化。氨氧化古菌 *amoA* 基因拷贝数为 $1.22×10^6 \sim 3.26×10^6$ 拷贝数每克干土，其中以 NPKM 处理最高，其次是 NPKS、NPK 处理，CK 处理的拷贝数最低。与对照 CK 处理相比，NPK、NPKM、NPKS 处理 AOA 的 *amoA* 基因拷贝数分别增加了 6.6%、168.4%、95.7%，可见氮磷钾配施牛粪和秸秆还田能显著增加 AOA 的数量，单施 NPK 对 AOA 数量影响不明显。氨氧化细菌方面，不同施肥处理下 *amoA* 基因拷贝数为 $0.47×10^5 \sim 3.09×10^5$ 拷贝数每克干土，其中以 NPK 处理最低，仅为 $0.47×10^5$ 拷贝数每克干土。与 CK 处理相比，NPK 处理 AOB 的 *amoA* 基因拷贝数降低了 84.8%；NPKM 和 NPKS 处理 AOB 的 *amoA* 基因拷贝数分别下降了 19.7%、6.2%。说明单施 NPK 肥不利于氨氧化细菌的生长；NPK 配施牛粪和秸秆还田能降低氮磷钾肥对氨氧化细菌的负面影响，增加氨氧化细菌的数量。

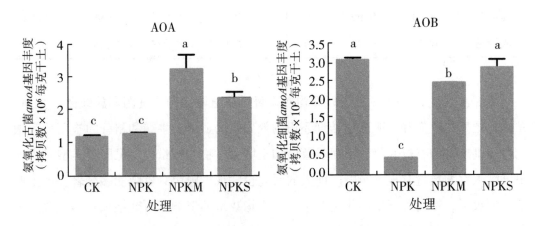

图10-1　氨氧化细菌和氨氧化古菌 *amoA* 基因拷贝数（2012 年）

图10-2 显示，不同施肥处理下氨氧化细菌群落结构发生了一定的变化，条带 M1、M2、M3 为 NPKM 特有的优势条带；条带 C1、K1、S1、All 是所有处理共有条带，且条带 C1 在对照 CK 中优势明显，条带 K1、K2、All 在 NPK 中优势明显，条

带 S1 在 NPKS 中优势明显。由 UPGMA 聚类分析（图 10-3）可知，氨氧化细菌的

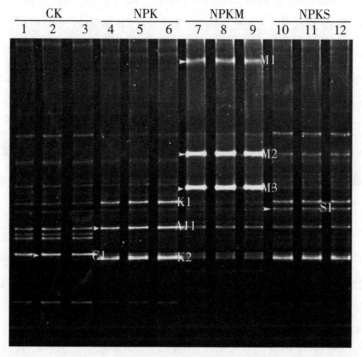

图 10-2　长期施肥下土壤氨氧化细菌 DGGE 图谱特征（2012 年）

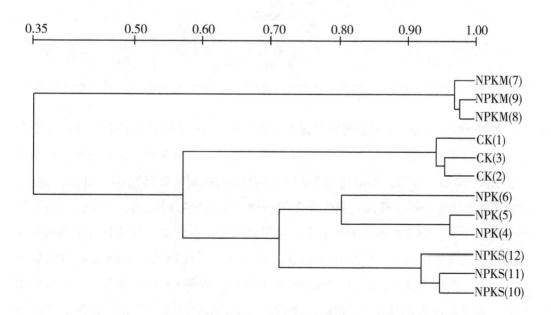

图 10-3　土壤氨氧化细菌 DGGE 图谱 UPGMA 聚类分析

群落结构可分为两大类，NPKM 处理单独一类，其他处理聚为一大类。说明施用牛粪对土壤氨氧化细菌群落结构的影响非常明显。此外，在 CK、NPK 和 NPKS 这一大类中，对照 CK 单独成为一小类，而 NPK 和 NPKS 聚为另一类。可见与单施化肥相比，秸秆还田对氨氧化细菌群落结构影响不大。

由表 10-4 可知，施肥处理的氨氧化细菌香农指数均高于 CK 处理，其中 NPKS 处理的香农指数最大，达到了 3.00；NPK 和 NPKM 处理间差异不显著。从丰富度指数来看，不同施肥处理的丰富度指数均高于对照处理，大小依次为 NPKS＞NPKM＞NPK＞CK，NPKS 处理的丰富度指数最高，具有 25 条特征性条带。说明 NPK 配施牛粪和秸秆还田能增加黄泥田土壤中氨氧化细菌的种类。

表 10-4　土壤氨氧化细菌多样性指数和丰富度（2012 年）

处理	香农指数	丰富度
CK	2.71±0.01 c	18.00±0.00 c
NPK	2.80±0.05 bc	21.67±0.33 b
NPKM	2.85±0.02 b	22.33±0.33 b
NPKS	3.00±0.02 a	24.67±0.33 a

如图 10-4 可知，4 个不同处理氨氧化古菌共有 16 条特征性条带，其中 8 个条带是共有条带，条带 1、3、5 为 NPKM 特有条带，且条带 3 和 5 优势明显。由聚类分析（图 10-5）可知，不同施肥处理土壤氨氧化古菌的群落结构可分成两大类，对照 CK 单独为一类，其余施肥处理聚为一类。在施肥处理之间，NPKS 和 NPK 处理聚为一小类，NPKM 单独为一小类，表明化肥配施牛粪比配施秸秆对土壤氨氧化古菌群落结构的影响大。由多样性指数（表 10-5）分析可知，NPKM 处理的氨氧化古菌香农指数最高，其次是 NPKS 和 NPK 处理，对照 CK 处理最低；从丰富度指数看，各处理的大小依次为 NPK＞NPKM＞CK＞NPKS，除了 NPK 处理显著高于 NPKS 处理外，其余处理间差异不显著。

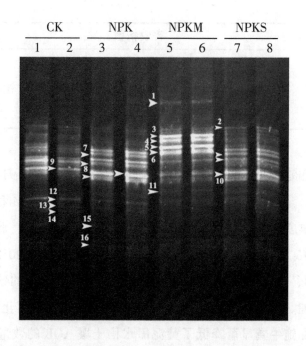

图 10-4 长期施肥对土壤氨氧化古菌 DGGE 图谱特征的影响（2012 年）

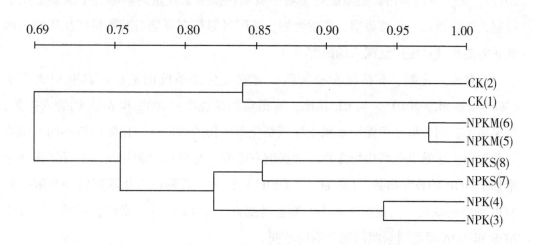

图 10-5 土壤氨氧化古菌 DGGE 图谱 UPGMA 聚类分析

表 10-5 土壤氨氧化古菌多样性指数和丰富度

处理	香农指数	丰富度
CK	2.02±0.02 c	13.00±0.00 ab

（续表）

处理	香农指数	丰富度
NPK	2.19±0.04 b	14.00±0.00 a
NPKM	2.35±0.02 a	13.50±0.50 ab
NPKS	2.23±0.05 ab	12.50±0.50 b

氨氧化细菌和氨氧化古菌驱动土壤硝化过程，在土壤氮循环中起到重要作用（刘正辉，2015）。定量 PCR 结果显示，与 CK 处理相比，NPKM 和 NPKS 处理的土壤氨氧化古菌的丰度显著增加，而 NPK 处理与 CK 无显著差异，此结果与其他学者的研究相一致（He et al.，2007；Ai et al.，2013；辛亮 等，2012）。而李晨华等（2012）研究表明，单施化肥能够明显增加绿洲农田土壤 AOA 的数量，且效果强于化肥配施秸秆处理。长期试验研究表明，与 CK 处理相比，除了化肥配施秸秆还田，单施化肥和化肥配施牛粪显著降低了黄泥田水稻土壤 AOB 的数量。然而也有研究表明，施有机肥处理中 AOB 数量显著高于不施肥和单施化肥处理（罗培宇 等，2017）。综上可以看出长期施肥对土壤中氨氧化微生物数量的影响是个极其复杂的过程，施肥模式、土壤类型、作物类型、施肥量等都有可能对其数量产生影响。因此还需要对其做更广泛深入的研究。

大量施入化肥、有机肥和植物秸秆对农业生态系统的氮循环具有很大影响（Wessén et al.，2010）。与 CK 相比，施肥均能显著增加 AOB 和 AOA 的香农指数，可见施肥有利于提升黄泥田水稻土壤氨氧化微生物的多样性。化肥配施不同有机物对黄泥田土壤氨氧化微生物多样性的影响有差异。与单施化肥相比，秸秆还田显著增加了 AOB 的香农指数。Fan et al.（2011）认为，长期施入化学肥料会导致一些 AOB 种类的缺失。而化肥配施牛粪则显著提高了 AOA 的香农指数。可见，土壤中 AOB 和 AOA 对不同来源的肥料响应不同。

第四节　土壤真菌

不同施肥处理黄泥田的优势真菌为子囊菌门（Ascomycota）、担子菌门（Basidiomycota）和接合菌门（Zygomycota）（表 10-6）。CK 和 NPK 处理子囊菌的相对丰度达 71%和 74%，明显高于 NPKM 和 NPKS 处理（分别为 49%和 47%），说明有机无机配施降低了子囊菌门在黄泥田土壤中的相对丰度。与 CK 相比（14%），NPK 处理的担子菌相对丰度降低（10%），而 NPKM 和 NPKS 处理的相对丰度提高（分别为 18%和 28%），说明有机无机配施利于担子菌在黄泥田土壤的富集，尤其是无机肥加秸秆还田处理。黄泥田土壤接合菌门占真菌总相对丰度较低（5%～13%），长期施肥均在一定程度上提高了其相对丰度，且无机肥配施农家肥（NPKM）更有利于接合菌门的富集（13%）。

从目水平上分析，不同施肥处理黄泥田可鉴定优势真菌为粪壳菌、肉座菌、格孢腔菌、散囊菌、柔膜菌、银耳菌、糙孢伏革菌、伞菌、鸡油菌、蜡壳菌、内囊霉菌和蛙粪霉（至少一组 1%），但不同真菌在不同施肥处理中的相对丰度不相同。NPK 和 NPKS 中粪壳菌丰度（约 13%）高于 CK 和 NPKM 处理（约 8%）。NPK 和 NPKS 中肉座菌和格孢腔菌含量相近（约 5%），低于 CK 处理（约 9%），但高于 NPKM 处理（3%）。散囊菌在 CK 和 NPK 中丰度（5%）高于 NPKM 和 NPKS 处理（2%～3%）。不同处理柔膜菌可鉴定 OTU 均较低（1%～3%）。担子菌门中的优势种群为银耳菌，且其在 NPKM 和 NPKS 处理中的相对丰度（6%～7%）明显高于 CK 和 NPK（2%～3%）。接合菌门中，NPKM 的内囊霉菌占优势地位（10%），明显高于其他三个处理（约 3%）；而蛙粪霉在 NPK 和 NPKS 中的相对丰度（5%）明显高于 CK 和 NPKM 处理。另外，NPKS 中的糙孢伏革菌达到 10%，高于其他处理（1%～3%）。其他已鉴定的种群含量在不同施肥处理中均有一定差异，但相对丰度均低于 1%。综上，黄泥田真菌群落组成及相对丰度对不同施肥的响应不同。

表 10-6　不同施肥处理土壤门和目水平真菌群落组成及相对丰度（%，2016 年）

门	目	处理			
		CK	NPK	NPKM	NPKS
子囊菌	粪壳菌	8.5±1.2 b	13.9±1.1 a	8.3±0.6 b	12.6±1.6 a
	肉座菌	8.7±1.0 a	5.8±0.3 b	3.4±0.2 c	5.4±0.6 b
	格孢腔菌	8.0±0.3 a	4.8±0.6 b	2.9±0.1 b	4.7±0.2 b
	散囊菌	5.4±0.6 a	5.0±0.2 a	2.4±0.2 b	3.2±0.2 b
	柔膜菌	2.0±0.3 bc	0.8±0.0 c	3.0±0.4 a	2.2±0.1 ab
	其他	10.5±0.6 a	7.2±0.6 b	6.8±0.7 b	6.8±0.3 b
	未鉴定	27.6±1.7 b	36.4±4.6 a	22.4±3.3 b	12.3±1.0 c
	合计 1	70.8±7.1 a	73.9±6.2 a	49.0±5.2 b	47.3±3.6 b

（续表）

门	目	处理			
		CK	NPK	NPKM	NPKS
担子菌	银耳菌	3.0±0.2 b	2.2±0.2 b	7.2±0.1 a	5.9±0.5 a
	糙孢伏革菌	3.0±0.4 b	1.2±0.2 b	2.5±0.3 b	10.6±1.2 a
	伞菌	1.8±0.2 b	1.0±0.1 c	3.4±0.3 a	1.5±0.0 b
	鸡油菌	1.4±0.1 a	0.5±0.0 c	0.6±0.0 c	1.0±0.0 b
	蜡壳菌	0.6±0.0 bc	0.5±0.0 c	0.8±0.1 b	1.4±0.1 a
	其他	4.2±0.5 b	4.0±0.3 b	3.0±0.3 c	6.1±0.5 a
	未鉴定	0.2±0.0 c	0.4±0.00 b	0.4±0.1 b	1.6±0.2 a
	合计	14.2±0.9 bc	9.8±0.9 c	18.2±0.7 b	28.0±1.5 a
接合菌	内囊霉菌	2.8±0.3 b	3.4±0.2 b	10.5±1.3 a	2.6±0.2 b
	粪蛙霉	2.0±0.0 b	5.2±0.4 a	2.1±0.3 b	5.2±0.2 a
	其他	0.00±0.00 b	0.1±0.0 a	0.0±0.0 b	0.0±0.0 b
	合计	4.7±0.4 c	8.8±0.1 ab	12.6±1.3 a	7.9±0.3 b
	其他	2.2±0.0 b	2.1±0.0 b	3.0±0.4 ab	4.5±0.1 a
	未鉴定	8.0±0.7 bc	5.3±0.6 c	17.2±1.5 a	12.2±2.1 ab
	合计	10.1±0.8 bc	7.4±1.2 c	20.2±2.1 a	16.7±1.9 ab

通过 R 软件 MASS 工具包对样品 OTUs 进行多样性分析得出计算结果（表10-7）。总体上看，单施氮磷钾无机肥（NPK）显著降低了土壤真菌群落结构多样性。比较黄泥田土壤真菌的丰富度指数（Chao 1 和 ACE）发现，不同施肥处理之间均表现为 NPKS＞NPKM＞CK＞NPK，说明有机无机配施利于提高真菌种群丰富程度，而单施氮磷钾无机肥会降低真菌丰富度。NPKM、NPKMS 与 CK 三者之间无显著性差异，但是显著性高于 NPK 处理，说明单施氮磷钾无机肥可显著降低黄泥田真菌物种数目。多样性指数（Shannon）和优势度指数（Simpson）分析结果表明，NPKM、NPKS 及 CK 三者之间无显著差异，说明有机无机配施对黄泥田真菌的均一度和突出的优势种群结构多样性无显著影响。然而，NPK 处理的香农指数（Shannon）和优势度指数（Simpson）均显著低于其他三个处理，说明长期单施氮磷钾无机肥会降低黄泥田真菌群落多样性，优势种群地位和作用不明显。其他研究

也表明有机无机配施利于提高真菌群落结构多样性，而单施无机肥会降低真菌群落结构多样性（陈丹梅 等，2014、2017；陈志豪 等，2017）。

表 10-7　长期不同施肥土壤真菌 α 多样性指数

处理	有效序列数	Shannon 指数	Simpson 指数	Chao 1 指数	ACE 指数
CK	29 986±723 a	7.3±0.5 a	1.0±0.0 a	810.0±9.7 a	818.4±12.2 a
NPK	28 583±919 b	6.3±0.2 b	0.9±0.0 b	656.9±79.6 b	663.1±84.7 b
NPKM	29 669±156 ab	7.0±0.3 a	1.0±0.0 a	862.3±50.6 a	876.8±49.6 a
NPKS	30 558±277 a	7.6±0.3 a	1.0±0.0 a	904.9±155.4 a	914.8±169.4 a

采用 FUNGuild 预测不同施肥处理真菌群落的营养型和功能群，鉴定结果见表 10-8。总体上来看，不同施肥处理可鉴定为共生营养型、腐生营养型和病理营养型等三大功能分类的 OTU 占总量分别为 71%（CK）、74%（NPK）、83%（NPKM）和 77%（NPKS），其余为 FUNGuild 目前不可鉴定的真菌功能群。从营养类型看，黄泥田真菌以腐生营养型为主（48%～57%），且 CK 和 NPKM 处理（分别为 54%和 57%）显著高于 NPK 和 NPKS（均为 48%）。NPKM 和 NPKS 共生营养型真菌含量（均为 17%）显著高于 CK 和 NPK 处理（均为 7%），说明有机无机配施利于共生营养型真菌的生长。已有研究表明，共生营养真菌可能在作物健康、营养和品质方面发挥重要作用（Igiehon et al.，2017；Sagan et al.，1999）。因此可以推测，有机无机配施可能是更有益于土壤和植物的施肥方式。病理营养型真菌在 NPK 处理中含量（19%）显著高于其他处理（CK，10%；NPKM，9%；NPKS，12%），说明长期单施无机肥可能造成病理营养型真菌在黄泥田耕层土壤的富集。

表 10-8　长期不同施肥土壤真菌功能分类与相对丰度（%）

营养类型	功能群	处理			
		CK	NPK	NPKM	NPKS
	丛枝菌根真菌	2.9±0.2 c	2.8±0.6 c	5.3±0.5 b	8.2±0.9 a
	外生菌根真菌	1.5±0.1 c	1.8±0.1 c	6.0±0.2 a	3.6±0.4 b
共生营养型	内生真菌	1.3±0.2 c	1.2±0.1 c	1.8±0.2 b	3.8±0.5 a
	地衣共生真菌	1.2±0.0 b	1.5±0.1 b	3.5±0.4 a	1.4±0.1 b
	合计	7.0±0.4 b	7.3±0.8 b	16.6±1.3 a	17.0±2.0 a

（续表）

营养类型	功能群	处理			
		CK	NPK	NPKM	NPKS
腐生营养型	木质腐生真菌	3.8±0.1 b	1.4±0.2 c	1.3±0.3 c	10.0±0.25 a
	土壤腐生真菌	2.8±0.30 ab	3.5±0.0 a	0.8±0.0 c	1.6±0.1 b
	粪腐生真菌	2.1±0.4 bc	0.8±0.2 d	3.0±0.0 a	1.9±0.0 c
	未定义腐生真菌	45.5±1.6 b	42.0±1.1 b	51.4±0.6 a	34.9±1.0 c
	合计	54.2±2.1 a	47.6±1.2 b	56.5±1.1 a	48.4±1.7 b
病理营养型	动物病原菌	0.7±0.2 c	10.4±1.4 a	1.5±0.5 c	4.2±0.2 b
	植物病原菌	9.6±0.8 a	8.6±0.2 a	7.8±0.6 a	7.5±0.7 a
	合计	10.2±1.0 b	19.0±1.6 a	9.3±1.1 b	11.6±0.8 b
其他	其他真菌	1.6±0.6 a	1.2±0.3 a	0.8±0.6 a	0.8±0.4 a
	未鉴定真菌	27.0±1.3 a	24.8±1.5 a	16.7±0.9 b	22.2±1.2 ab
	合计	28.6±1.9 a	26.1±1.7 a	17.5±1.5 c	23.0±1.5 b

共有 10 个主要功能群被鉴定出来，分别为丛枝菌根真菌、外生菌根真菌、内生真菌、地衣共生真菌、木质腐生真菌、土壤腐生真菌、粪腐生真菌、未定义腐生真菌、动物病原菌和植物病原菌。未定义腐生真菌占功能群的比例最大，达 35%～51%。由于添加秸秆，NPKS 中的木质腐生真菌丰度最高（10%），显著高于其他处理（CK，4%；NPK，1%；NPKM，1%）。粪腐生真菌含量表现为 NPKM＞CK＞NPKS＞NPK。NPK 和 CK 处理土壤腐生真菌含量（均为 3%）显著性高于 NPKS 和 NPKM 处理（1%～2%）。NPKS 处理丛枝菌根真菌数量（8%）显著高于 NPKM（5%）、CK 和 NPK（均为 3%），不同处理之间内生真菌含量与丛枝菌根真菌具有相同的趋势，说明二者更容易在有机无机配施，尤其是无机肥加秸秆还田的条件下生长。而外生菌根真菌表现为 NPKM＞NPKS＞NPK＞CK，地衣共生真菌表现为 NPKM＞NPK＞NPKS＞CK，说明无机肥配施农家肥有益于二者在黄泥田土壤中的富集。关于动物病原真菌的含量，NPK 处理（10%）显著高于其他处理，NPKS 处理（4%）显著高于 CK 和 NPKM 处理（分别为 1% 和 2%），说明动物病原真菌在这两种处理均有一定程度富集，在单施无机肥处理更为显著。各处理间植物病原真菌无显著差异。研究表明黄泥田土壤不同功能真菌对不同施肥的响应不同。

　　为研究真菌群落组成和功能类群与土壤理化因子的关系，采用冗余分析（RDA）对环境因子、不同处理样品、真菌群落组成和功能类群之间的关系进行限制性排序（图10-6）。不同处理之间目水平群落结构差异较为明显。土壤理化因子与群落结构关系见图10-6（a），前两轴的解释量分别为72.5%和18.0%。在第一轴上，NPKS处理的群落组成与盐度（$r=0.937$），含水量（$r=0.976$），孔隙度（$r=0.770$），总氮（$r=0.662$）和有机质（$r=0.581$）呈正相关关系。第二轴上，NPKM与更高的孔隙度（$r=0.600$），有机质（$r=0.575$）和总氮（$r=0.440$）相关。土壤pH值与CK和NPK处理真菌群落组成相关性较小，在第一轴和第二轴分别为$r=-0.351$和$r=-0.161$。土壤理化因子与功能类群关系如图10-6（b），前两轴的解释量分别为66.4%和25.8%。从图可知黄泥田真菌功能类群与群落组成有所不同，不同处理之间差异明显。NPK处理的真菌的功能群与已分析的土壤因子均呈负相关关系，说明NPK处理中，较高的土壤含水量，孔隙度和盐度等对应着较低的真菌功能类群。NPKS功能类群在第一轴上的最大解释因子是盐度（$r=0.707$），其次为含水量（$r=0.295$）；第二轴上的较大解释因子分别为含水量（$r=0.857$），孔隙度（$r=0.710$）和盐度（$r=0.593$）。CK和NPKM的功能类群主要与pH值（第一轴，$r=-0.349$）和孔隙度（第二轴，$r=0.707$）相关。通过上述分析表明黄泥田真菌群落结构和功能结构与土壤理化因子的关系有所不同，但主要影响因子均

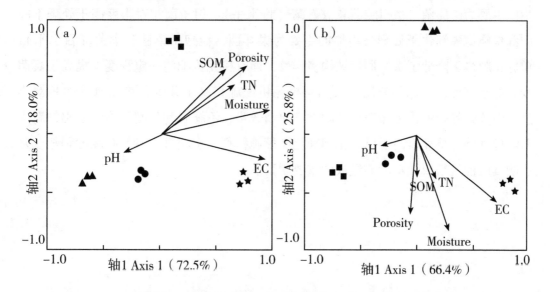

图10-6　不同施肥处理土壤真菌目水平群落组成（a）与功能群组成（b）与土壤理化因子的RDA分析

为含水量、孔隙度和盐度，其次为有机质和总氮含量。土壤水分含量和通气状况是影响真菌生长的重要因子（Hao et al.，1981），而高盐度往往意味着较多的阴离子和阳离子含量（Rysgaard et al.，1999），而真菌很可能从中受益（Fitter et al.，2011）。例如，已有学者的研究表明某些真菌菌株在高盐度条件下可增加对磷、钾、钙和镁的吸收，以减少对某些有毒离子（如钠离子和氯离子）的迁移（Gómez-Bellot et al.，2015）。

第五节　主要结论

长期施肥总体提高了土壤脲酶、过氧化氢酶、转化酶和磷酸酶活性，配合稻秆还田对提高脲酶与酸性磷酸酶效果明显，配施牛粪对提高转化酶效果最为明显。

不同培肥模式下，黄泥田土壤可培养微生物数量（细菌、真菌和放线菌）以及氨氧化微生物发生了很大的变化。化肥配施牛粪和秸秆还田有利于促进可培养微生物和氨氧化微生物的生长，增加黄泥田土壤氨氧化细菌和氨氧化古菌的多样性。

子囊菌、担子菌和接合菌是长期施肥土壤中主要的真菌群落，且以子囊菌为主。有机无机配施处理子囊菌相对丰度显著低于不施肥和单施氮磷钾化肥处理，减少的主要为肉座菌、格孢腔菌和散囊菌（目水平）。担子菌相对丰度高于处理不施肥和单施氮磷钾化肥处理，增加的主要为银耳菌、糙孢伏革菌和伞菌（目水平）；单施化肥显著降低了真菌群落结构多样性，而有机无机配施一定程度上提高了真菌物种的丰富度；相比不施肥，长期有机无机配施提高了共生营养型真菌的相对丰度，而单施氮磷钾化肥却提高了动物病原菌数量，不施肥和化肥配施农家肥的腐生营养型真菌含量显著高于单施化肥和化肥配施秸秆。土壤含水量、孔隙度和盐度是影响真菌群落组成和功能群组成的重要因素。

第十一章
黄泥田杂草生物多样性特征

杂草是农田生态系统的重要组成部分。杂草生物多样性对于促进土壤养分循环，维持土壤动物、微生物，减少土壤流失，减缓土壤酸化，维持正常生态功能具有重要作用（李儒海 等，2008；汤雷雷 等，2010）。施肥作为重要的农艺措施，不仅影响作物的生长发育，同时也影响田间杂草的生长及群落组成（尹力初 等，2005；Ciuberkis et al.，2006；Davis et al.，2005），但关于不同养分管理措施对杂草群落特征的影响，国内外仍没有统一的结论（李儒海 等，2008）。生态化学计量学综合了生物学、化学和物理学的基本原理，利用生态过程中多重化学元素的平衡关系，为研究 C、N、P 等元素在生态系统过程中的耦合关系提供了一种综合方法。目前，C、N、P 计量关系与植物个体生长发育、种群增长、群落动态和生态系统过程的联系，已成为生态学研究的前沿领域之一（贺金生 等，2010）。黄泥田是福建等南方省份广泛分布的一种渗育型水稻土，通常因水分不足，缺乏 P、K 而低产，在水稻田中属中低产田（林诚 等，2009）。对黄泥田的研究以往多集中于水稻生长、土壤改良、养分管理等方面（王飞 等，2010，2011），而对其冬闲田杂草的管理利用却鲜见报道。以连续 27 年的福建黄泥田长期定位施肥试验为平台，开展杂草多样性监测研究，试图明确不同施肥处理黄泥田冬闲期杂草群落及 C、N、P 化学计量特征，从而为南方水稻土冬闲田杂草管理及利用提供科学依据。

第一节 稻田杂草种类、密度及生物多样性

于 2010 年 2 月（冬闲期）调查稻田杂草多样性。用 40 cm×50 cm 样框进行调查，每小区 5 个样框，即 1 m²，每小区分别统计杂草种类与密度。同时取小区鲜草于 105 ℃杀青 20 min，60 ℃烘干至恒重，作为杂草生物量的指标，并供作杂草 C、N、P、K 分析，按常规分析测定（鲁如坤，2000）。

利用 Shannon 多样性指数（H'）、Shannon 均匀度指数（E）、Margalef 物种丰富度指数（D_{MG}）3 个指标来计算杂草生物多样性（Stevenson，1997；李昌新 等，2009）。测算公式如下：

$$H' = (N\lg N - \sum n\lg n)\ N^{-1} \tag{1}$$

$$E = H'\ (\ln N)^{-1} \tag{2}$$

$$D_{MG} = (S-1) \times (\ln N)^{-1} \tag{3}$$

式中，N 为各小区中 1 m² 内所有杂草的总数量，n 为各小区中 1 m² 内某种杂草

的数量，S 为各小区中 1 m² 内杂草种类数量。

从杂草群落特征观察结果看，不同施肥处理的冬春季稻田杂草主要分属禾本科（Gramineae）、豆科（Leguminosae）、石竹科（Caryophyllaceae）、十字花科（Cruciferae）、菊科（Asteraceae）、伞形科（Apiales）、蓼科（Polygonaceae）、玄参科（Scrophulariaceae）、毛茛科（Ranunculaceae）、堇菜科（Violaceae）、三白草科（Saururaceae）等 11 个科，且主要以禾本科、豆科、毛茛科、菊科种群占主要优势。

施肥均提高了冬春季的杂草总密度，各处理杂草总密度为 NPKM＞NPKS＞NPK＞CK，与 CK 相比，NPKM、NPKS 与 NPK 处理分别提高 101.0%、95.9%、41.5%，表明 NPKM 处理对提高杂草总密度最为明显。就具体杂草而言，不同施肥处理杂草看麦娘（Alopecurus aequalis）均占主要优势，除此之外，CK 处理的杂草种群优势不明显，而 NPK 处理以茴茴蒜（Ranunculus chinensis）为优势种群，NPKM 处理以紫云英（Astragalus sinicus）为优势种群，NPKS 则以牛筋草（Eleusine indica）占优势。这可能与长期施肥条件下冬闲田生态环境、养分、水热条件发生变化有关，而每种杂草对生态环境及养分差异存在响应。

Margalef 物种丰富度指数（D_{MG}）是田间杂草的种类数指标，Shannon 均匀度指数（E）是不同杂草之间数量分布的均匀程度，Shannon 多样性指数（H'）是对田间杂草物种丰富度和物种均匀度的综合量度。对物种丰富度指数 D_{MG} 而言，除 NPK 处理较 CK 略有上升外，NPKM 与 NPKS 处理分别较 CK 降低 46.6% 与 30.4%。而对 Shannon 均匀度指数 E 而言，长期施肥均降低 Shannon 均匀度指数，分别较 CK 降低 0.03～0.07 个单位，其表观综合量度的 Shannon 多样性指数 H' 则较 CK 降低 0.02～0.16 个单位。说明黄泥田长期施肥降低了杂草物种分布均匀度，有机无机肥配施还同时降低了杂草丰富程度，这与李昌新等（2009）研究结果基本一致，但与赵锋等（2009）研究结果相左，其原因可能与区域气候、农田地力水平、耕作方式及观测时间差异有关。详见表 11-1。

表 11-1　不同施肥处理冬春季稻田杂草的种类、密度和生物多样性指数

杂草名称	科	密度（株/m²）			
		CK	NPK	NPKM	NPKS
牛筋草 Eleusine indica	禾本科 Gramineae	74.5±43.1	377.0±0	0	498.0±0

（续表）

杂草名称	科	密度（株/m²）			
		CK	NPK	NPKM	NPKS
马唐 Digitaria sanguinalis	禾本科 Gramineae	3.0±0	2.0±0	352.3±159.3	526.0±0
看麦娘 Alopecurus aequalis	禾本科 Gramineae	514.7±301.4	563.3±466.8	568.9±482.4	459.7±276.5
紫云英 Astragalus sinicus	豆科 Leguminosae	39.5±40.3	134.3±112.0	860.0±388.9	64.3±102.8
繁缕 Stellaria media	石竹科 Caryophyllaceae	3.7±3.8	2.0±0	0	0
碎米荠 Cardamine	十字花科 Cruciferae	2.5±2.1	3.0±0	0	0
山莴苣 Lactuca indical	菊科 Asteraceae	1.0±0	1.0±0	0	0
小飞蓬 Conyza canadensis	菊科 Asteraceae	0	4.0±0	0.8±0.3	2.0±0
裸柱菊 Soliva anthemifolia	菊科 Asteraceae	5.0±6.9	6.0±3.6	1.3±0.7	27.0±39.8
天胡荽 Hydrocotyle sibthorpioides	伞形科 Apiales	18.0±0	15.5±13.4	0	2.0±0
鼠曲草 Gnaphalium affine	菊科 Asteraceae	89.0±39.6	81.3±50.8	10.5±3.8	33.0±15.0
扁蓄 Polygonumaviculare	蓼科 Polygonaceae	5.0±0	5.0±0	5.3±2.4	1.0±0
黄鹌菜 Youngia japonica	菊科 Asteraceae	7.0±1.4	10.0±5.6	18.4±10.9	14.7±11.9
通泉草 Mazus japonicus	玄参科 Scrophulariaceae	0	1.0±0	0	2.0±1.4
茴茴蒜 Ranunculus chinensis	毛茛科 Ranunculaceae	56.7±14.2	152.7±69.5	133.3±46.1	268.0±226.9
犁头草 Viola japonica	堇菜科 Violaceae	2.0±0	0	0	0

（续表）

杂草名称	科	密度（株/m²）			
		CK	NPK	NPKM	NPKS
石胡荽 Centipeda minima	菊科 Asteraceae	1.0±0	5.0±0	0	0
积雪草 Centella asiatica	伞形科 Apiales	94.0±57.1	15.0±2.8	0	9.0±1.4
鱼腥草 Houttuynia cordata	三白草科 Saururaceae	4.0±0	0	0.8±0.3	0
丛枝蓼 Polygonum caespitosum	蓼科 Polygonaceae	54.1±6.0	1.0±0	7.1±5.1	3.0±0
杂草总密度 Total density of weeds	—	974.6	1379.2	1 958.7	1 909.7
杂草类群数 Genra number of weeds（genus/m²）	—	18	19	11	14
Shannon 多样性指数 Shannon diversity index	—	0.74	0.70	0.58	0.72
Shannon 均匀度指数 Shannon evenness index	—	0.25	0.22	0.18	0.22
Margalef 物种丰富度指数 Margalef abundance index	—	5.69	5.73	3.04	3.96

第二节 稻田杂草生物量及养分吸收

施肥均提高了稻田冬春季的杂草生物量（表 11-2），NPK、NPKM、NPKS 分别较 CK 提高 89.6%、214.7%和 167.8%，其中 NPKM 处理与 CK 差异达显著水平（$P<0.05$）。有机无机肥配施（包括配施牛粪与秸秆还田）的杂草生物量较单施化肥处理有升高趋势，各施肥处理杂草的含水量与生物量变化趋势表现一致。

表 11-2 不同施肥处理冬春季稻田杂草的生物量和含水率

处理	生物量（g/m²）	含水率（%）
CK	163.7 b	60.55 b

（续表）

处理	生物量（g/m^2）	含水率（%）
NPK	310. 3 ab	65. 81 ab
NPKM	515. 1 a	72. 32 a
NPKS	438. 3 ab	63. 15 ab

不同施肥处理杂草 C 含量除 NPKS 处理略低于对照外，NPK 与 NPKM 均高于对照，二者分别较对照提高 3.2% 与 10.9%。施肥均提高了杂草 N、P、K 养分含量，其中 N 含量较对照提高 11.2%～129.9%，又以 NPKM 最为明显；P 含量较对照提高 21.9%～80.1%，同样以 NPKM 增幅最为明显。K 含量较 CK 提高 2.6%～15.3%，以 NPK 处理增幅最为明显。表明施肥对提高杂草 N 养分最为明显。这可能与施肥处理中豆科杂草占据优势有关。

从杂草固定 C 与吸收养分看，施肥处理杂草固定 C 与吸收养分均高于 CK，其中 C 增幅 90.3%～250.7%、N 增幅 126.3%～649.6%、P 增幅 117.6%～475.9%、K 增幅 100.7%～236.2%，且均表现出 NPKM＞NPKS＞NPK 的趋势，其中 NPKM 的 N、P 养分吸收量显著高于其他处理。如将施肥处理的杂草适时翻压入土，为土壤提供的养分较为可观，其养分（N+P$_2$O$_5$+K$_2$O）累积量为 108.5～248.0 kg/hm^2，尤其是 NPKM 处理。说明施肥条件下黄泥田冬春季杂草生物截获养分、减少养分损失和培肥地力的功能不可忽视。

长期定位试验结果表明，不同施肥处理总体提高了冬闲田杂草 C、N、P、K 含量，所以长期施肥不仅影响作物生长期植株养分的吸收分配，也影响冬闲期杂草矿质养分的吸收，而且二者表现出相似的规律。施肥下黄泥田冬春季杂草截获速效养分与培肥地力的功能同样不可忽视，表观来看，与 CK 相比，施肥杂草的 C 增幅 90.3%～250.7%、N 增幅 126.3%～649.6%、P 增幅 117.6%～475.9%、K 增幅 100.7%～236.2%，且均表现出 NPKM＞NPKS＞NPK 的趋势。冬闲期杂草吸收养分的肥力学意义在于适宜时期还田后可增加土壤有机质，提供后茬作物 N 源，同时先前被杂草吸收的 P、K 将更多地以有效态养分的形式供应下茬作物生长。

不同施肥处理对冬春季稻田杂草 C、N、P、K 含量及吸收量的影响见图 11-1。

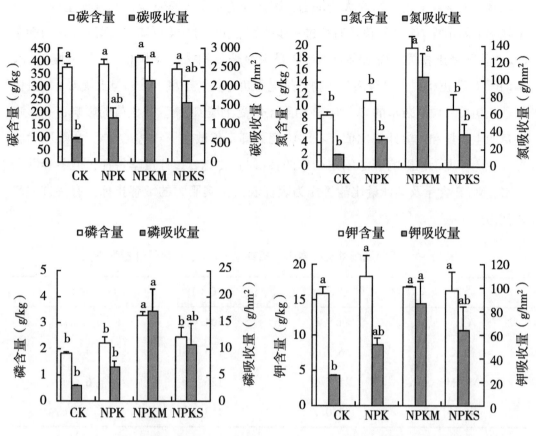

图11-1　不同施肥处理对冬春季稻田杂草C、N、P、K含量及吸收量的影响

第三节　稻田杂草碳、氮、磷化学计量比

从冬春期稻田杂草C、N、P化学计量比来看，各施肥处理的杂草C∶N与C∶P均较CK有所下降（表11-3），其中均以NPKM处理降幅最大，分别较CK降低22.4和77.9个单位，二者均达到显著差异。从N∶P来看，以NPKM处理的最高，并显著高于NPKS处理，这可能与NPKM处理的杂草多以豆科绿肥为主，N素含量与生物量相对较高所致。N∶P被广泛用于诊断植物个体、群落与生态系统的N、P养分限制格局。当植被的N∶P小于14时，表明植物生长较大程度受到N素的限制作用，而大于16时，则反映植物生产力受P素的限制更为强烈（银晓瑞 等，2010；高三平 等，2007）。从本研究看，各处理的N∶P均低于14，但从土壤测定

结果看，土壤缺 P 的风险要大于缺 N，因而作为水田生态系统，其表征土壤 N、P 丰缺水平的植株 N：P 阈值还有待进一步研究。由表 11-4 可知，杂草 C：N 与杂草 C：P 呈显著正相关，而与杂草 N：P 呈极显著负相关；杂草 C：P 与土壤 C：P、N：P 呈显著正相关，但与杂草生物量呈显著负相关；土壤 N：P 与土壤 C：P 呈极显著正相关。说明杂草的 C、N、P 相互比值受土壤 C、N、P 比值的影响，并影响杂草的生物量和化学计量比值。不同施肥处理不仅改变了土壤 C、N、P 等肥力状况，一定程度上也影响了冬闲期杂草的种群与 C、N、P 计量学特征，但冬春季杂草 C、N、P 含量及其计量比能否作为表征农田土壤肥力的敏感指标，有待进一步研究。

表 11-3　不同施肥处理冬春季稻田杂草 C、N、P 化学计量学特征

处理	C：N	C：P	N：P
CK	44.0 a	204.4 a	4.7 ab
NPK	36.2 ab	175.4 ab	4.9 ab
NPKM	21.6 b	126.5 c	6.0 a
NPKS	43.0 a	153.4 bc	3.8 b

表 11-4　冬春季稻田杂草 C：N、C：P、N：P 与土壤 C：N、
C：P、N：P 及生物量相关系数

项目	杂草 C：N	杂草 C：P	杂草 N：P	土壤 C：N	土壤 C：P	土壤 N：P
杂草 C/N	1					
杂草 C/P	0.68*	1				
杂草 N/P	-0.89**	-0.36	1			
土壤 C/N	-0.09	-0.15	0.22	1		
土壤 C/P	0.55	0.64*	-0.42	0.01	1	
土壤 N/P	0.54	0.65*	-0.46	-0.29	0.95**	1
杂草生物量	-0.08	-0.64*	-0.10	0.26	-0.43	-0.48

注：$n=12$。

第四节 主要结论

在黄泥田长期定位施肥试验的第 27 年，研究不同施肥处理对冬春季稻田杂草群落及其 C、N、P 化学计量的影响。结果表明，与不施肥相比，化肥+牛粪、化肥+秸秆还田及单施化肥处理的杂草 Shannon 均匀度指数（E）降低 0.03～0.07 个单位，NPKM 与 NPKS 处理还同时降低了 Margalef 物种丰富度指数（DMG），而表征综合量度的 Shannon 多样性指数（H′）则降低 0.02～0.16 个单位。各施肥处理的杂草生物量较 CK 显著增加。不同施肥处理提高了杂草 N、P、K 养分含量，尤其是 NPKM 处理，各施肥处理养分积累顺序表现为 NPKM＞NPKS＞NPK。此外，各施肥处理降低了杂草 C∶N 与 C∶P 计量值。不同施肥处理影响杂草多样性及其养分吸收，施肥处理的杂草养分储量可观，培肥潜力大。杂草的 C、N、P 计量比一定程度上可反映土壤 C、N、P 计量特征。

第十二章
黄泥田水稻产量与籽粒营养品质

肥料素有"植物的粮食"之称，直接参与协调作物营养代谢与循环，是作物产量与品质的重要限制因子。施肥在维持土壤肥力与生产力方面发挥着重要作用。研究长期配施有机物质对黄泥田水稻产量、籽粒氨基酸品质及矿质元素含量的影响可为稻田定向培肥及水稻籽粒品质提升提供依据，对现代农业生产具有重要意义。本研究借助黄泥田长期定位试验，分析长期不同施肥下水稻产量、籽粒氨基酸品质和矿质元素含量变化特征。

第一节　水稻产量与基础地力贡献演变

一、长期不同施肥下水稻产量演变

长期不同施肥下水稻早稻、晚稻与单季稻产量演变见图 12-1 至图 12-3，从中可以看出，不同稻作制下有机无机肥配施的水稻产量均高于单施化肥。进一步分析表明，在双季稻年份（1983—2004 年），各个施肥处理以 10～13 年为年际周期，其年际增产率均随着试验年份的延长而提高（表 12-1），增幅由 70.7%～85.2%提高到 102.1%～137.5%。在单季稻年份（2005—2018 年），各施肥处理增产率明显降低，增幅降至 45.8%～65.8%。从历年平均来看（1983—2018 年），各施肥处理增幅

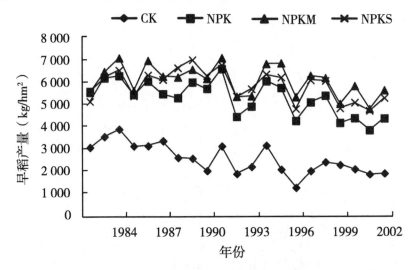

图 12-1　早稻产量对长期施肥的响应

62.4%～83.9%，NPKM 与 NPKS 处理产量分别比 NPK 提高 13.1%与 10.7%，差异极显著，但 NPKM 与 NPKS 间产量无显著差异。

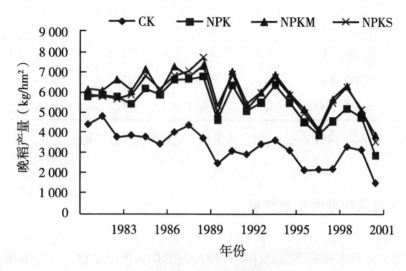

图 12-2　晚稻产量对长期施肥的响应

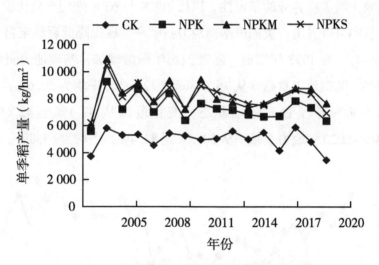

图 12-3　单季稻产量对长期施肥的响应

表 12-1　不同施肥处理水稻年际产量效应

处理	1983—1993 年		1994—2004 年		2005—2020 年	
	产量（kg/hm²）	增产率（%）	产量（kg/hm²）	增产率（%）	产量（kg/hm²）	增产率（%）
CK	3 470.2 c	—	2 363.4 d	—	4 996.6 c	—

（续表）

处理	1983—1993 年		1994—2004 年		2005—2020 年	
	产量 （kg/hm²）	增产率 （%）	产量 （kg/hm²）	增产率 （%）	产量 （kg/hm²）	增产率 （%）
NPK	5 924.8 b	70.7	4 775.7 c	102.1	7 283.2 b	45.8
NPKM	6 427.9 a	85.2	5 613.3 a	137.5	8 286.4 a	65.8
NPKS	6 303.5 a	81.6	5 401.3 b	128.5	8 165.2 a	63.4

注：双季稻年份（1983—2004 年）为早稻、晚稻两季产量平均。

二、水稻基础地力贡献演变

基础地力贡献率是指不施肥作物产量与施肥作物产量之比，它是农田土壤养分供给力的一种相对评价方式，其值越大表明土壤供应能力越强，通过研究其时间上的变化可反映土壤供应养分的稳定性。以历年 CK 与 NPK 处理产量比值作为基础地力贡献率，从中可以看出，黄泥田基础地力贡献率呈现先降低后稳定再升高的变化趋势（图 12-4）。在 1992 年以前，随着施肥年限的增加，基础地力贡献率呈现逐渐降低的趋势，基础地力贡献率从 76.0%降至 42.9%，平均为 59.6%；1993—2004年，基础地力贡献率呈稳定波动状态，变化范围从 59.1%至 42.6%，平均为49.2%，2005—2020 年地力贡献率从 54.5%到 82.4%，平均为 68.8%。说明长期不

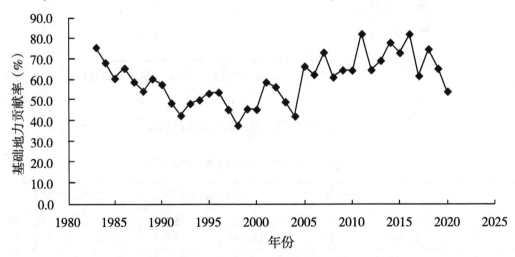

图 12-4 长期施肥下黄泥田基础地力贡献率变化趋势

施肥，其基础地力贡献率呈逐步降低趋势，但到一定年限，会维持在一定水平；而双季稻改为单季稻后，由于不施肥地力耗减强度降低，其基础地力贡献率会逐步上升至一定水平。另从各施肥模式与基础地力（不施肥产量）的关系来看，各施肥处理的水稻产量与基础地力（不施肥产量）均呈显著正相关（表12-2），表明良好的基础地力是高产施肥的基础。

表12-2 长期施肥水稻产量与基础地力关系经验模型

处理	拟合模型	显著性检验
NPK	早稻：$y=0.888\ 3x+3\ 049.3$	$n=21$，$r=0.764^{**}$
	晚稻：$y=0.605\ 5x+4\ 536.1$	$n=21$，$r=0.825^{**}$
	单季稻：$y=0.890\ 9x+2\ 831.9$	$n=16$，$r=0.669^{**}$
NPKM	早稻：$y=0.605\ 5x+4\ 536.1$	$n=21$，$r=0.600^{**}$
	晚稻：$y=0.844\ 4x+3\ 223.4$	$n=21$，$r=0.736^{**}$
	单季稻：$y=0.864\ 7x+3\ 966$	$n=16$，$r=0.538^{*}$
NPKS	早稻：$y=0.539\ 3x+4\ 480.7$	$n=21$，$r=0.530^{*}$
	晚稻：$y=0.820\ 9x+3\ 187.3$	$n=21$，$r=0.696^{**}$
	单季稻：$y=0.931\ 4x+3\ 511.2$	$n=16$，$r=0.659^{**}$

注：y 为施肥水稻产量；x 为基础地力。

第二节 水稻籽粒营养品质

一、不同施肥对水稻籽粒总氨基酸和必需氨基酸含量的影响

施肥均不同程度提高了水稻籽粒总氨基酸含量（图12-5）。与CK处理相比，NPK、NPKM、NPKS处理分别提高13.8%、22.8%、21.7%，差异均显著（$P<0.05$）。与NPK处理相比，NPKM与NPKS处理分别提高8.0%和7.0%，差异均显著（$P<0.05$）。必需氨基酸含量表现出相似的规律，各施肥处理较CK处理增幅12.0%~20.0%，差异均显著（$P<0.05$），NPKM与NPKS处理较NPK处理均提高

7.1%，差异均显著（$P<0.05$）。但 NPKM 与 NPKS 处理的总氨基酸与必需氨基酸含量均无显著差异。表明施肥能够提高水稻籽粒总氨基酸和必需氨基酸含量，有机无机肥配施的增量效果显著优于单施化肥。

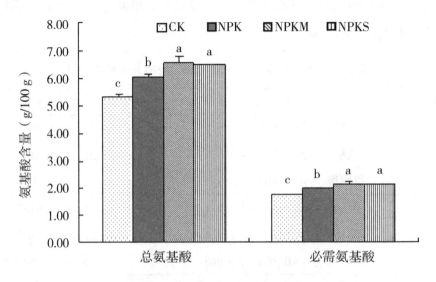

图 12-5　不同施肥处理下水稻籽粒氨基酸含量（2018 年）

二、不同施肥对水稻籽粒大量营养元素的影响

施肥处理的水稻籽粒全氮含量均有所提高（图 12-6）。与 CK 处理相比，NPK、

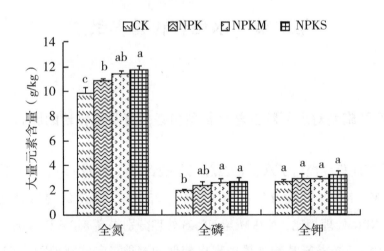

图 12-6　不同施肥处理下水稻籽粒大量营养元素含量（2018 年）

NPKM、NPKS 处理分别提高 10.4%、15.9%、19.2%，差异均显著（P＜0.05）。与 NPK 处理相比，NPKM 处理无显著差异，但 NPKS 处理差异显著（P＜0.05）。全磷含量增幅 18.9%～35.9%，其中 NPKM、NPKS 处理较 CK 处理差异均显著（P＜0.05），较 NPK 处理虽有所提高，但差异均不显著。与 CK 处理相比，施肥处理有提高籽粒全钾含量的趋势。表明施肥不同程度提高了水稻籽粒氮、磷营养元素含量，尤其是有机无机肥配施，不同有机物质配施的籽粒氮磷养分无显著差异。

三、不同施肥对水稻籽粒中量营养元素的影响

由图 12-7 可知，与 CK 处理相比，各施肥处理籽粒钙含量均有所提高，增幅 3.2%～13.8%，其中 NPK 处理与 CK 差异显著（P＜0.05），各施肥处理间无显著差异。施肥不同程度提高了籽粒镁含量，增幅为 5.2%～9.0%。与 CK 处理相比，NPKM、NPKS 处理分别提高 9.0% 和 8.6%，差异均显著（P＜0.05）。与 NPK 处理相比，NPKM、NPKS 处理均有所提高，但差异均不显著。籽粒硫含量也呈现相似趋势，与 CK 相比，NPK、NPKM、NPKS 处理的籽粒硫含量分别提高 8.6%、12.2%、11.6%，NPKM、NPKS 处理与 CK 差异均显著（P＜0.05）。与 NPK 处理相比，NPKM、NPKS 处理均有所提高，但差异均不显著。表明施肥不同程度提高了水稻籽粒中量营养元素的含量，其中钙含量以 NPK 处理增加最为明显，镁、硫含量以 NPKM 处理增加最为明显。

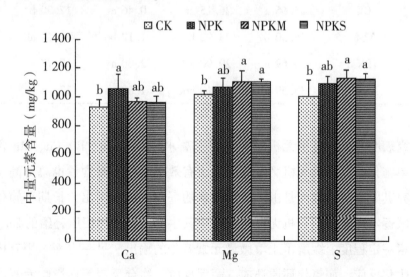

图 12-7　不同施肥处理下水稻籽粒中量营养元素含量（2018 年）

四、不同施肥对水稻籽粒微量营养元素的影响

各施肥处理总体有降低水稻籽粒 Fe 含量的趋势，而不同程度提高了水稻籽粒 Mn、Cu、Zn 的含量（表 12-3）。从籽粒 Fe 含量来看，2008 年不同施肥处理籽粒 Fe 含量较 CK 的降幅为 22.1%～26.2%，差异均显著（$P<0.05$）；2008 年，与 CK 相比，施肥处理 Zn 含量增幅为 3.2%～14.3%、B 含量增幅 13.7%～26.2%，Cu 含量增幅 143.5%～465.2%，Mn 含量除 NPK 外增幅 11.3%～14.3%；2018 年，与 CK 相比，各施肥处理籽粒 Zn 含量增幅为 16.1%～19.4%，差异均显著（$P<0.05$），籽粒 Mn 含量增幅为 7.1%～31.1%，其中 NPKM、NPKS 处理与 CK 处理差异显著（$P<0.05$）。与 NPK 处理相比，NPKM、NPKS 处理分别提高 22.4% 和 16.8%，差异均显著（$P<0.05$）。但籽粒 Cu 含量无显著差异。

表 12-3　不同施肥处理下水稻籽粒微量营养元素含量（mg/kg）

年份	处理	Fe	Mn	Cu	Zn	B
2018 年	CK	89.72 a	19.34 b	2.87 a	18.47 b	—
	NPK	81.8 a	20.72 b	3.41 a	21.63 a	—
	NPKM	77.24 a	25.36 a	3.66 a	22.04 a	—
	NPKS	80.23 a	24.21 a	3.68 a	21.43 a	—
2008 年	CK	45.66 a	26.15 ab	0.46 c	17.30 b	4.23 b
	NPK	35.50 b	23.92 b	1.12 bc	18.69 ab	4.81 ab
	NPKM	33.69 b	29.90 a	2.60 a	19.77 a	5.29 a
	NPKS	35.59 b	29.10 ab	1.88 ab	17.86 b	5.34 a

本研究表明，长期有机无机肥配施对提高水稻籽粒 Zn、B、Cu、Mn 含量的效果要优于单施化肥，有机无机肥配施的土壤有效态微量元素含量也总体高于单施化肥处理。究其原因，一方面是由于微量元素随籽粒的逐年携出，长期单施化肥其土壤养分耗减逐年加大，而有机无机肥配施中其牛粪、秸秆还田所补给的 Zn、B、Mn 等微量元素一定程度上缓解了土壤微量元素养分的输出。另一方面施用有机肥可促进土壤的生化反应，如氧化还原还应、酶促反应、络合反应等而影响元素的生物有效性，一定程度上提高了水稻对土壤中某些微量元素的吸收、运输和积累能力（高

明 等，2000；杨玉爱 等，1990）。但施肥对籽粒 Fe 的影响有别于其他元素，以往研究表明，铁氮混配喷施不仅显著提高了铁在水稻糙米中的积累，同时也提高了糙米中 Zn、Ca、Mg 的含量（张进 等，2007）。铵态氮则有利于旱稻摄取更多的 Fe 营养，并改善生长状况（邹春琴 等，2007）。但本研究结果表明，不论哪种施肥方式，籽粒的 Fe 含量与 CK 相比均显著下降，其原因可能是亚热带红壤性水稻土有效 Fe 含量较高，尤其在淹水条件下，利用其 Fe^{2+} 跨膜运输蛋白吸收利用 Fe（申红芸 等，2011）。Fe 一般不构成南方水稻植株养分的限制因子，相关研究也表明，作物缺 Fe 多发生在北方石灰性土壤中（左元梅 等，1998）。在此条件下，施肥处理产量显著提高，但受基因型影响，水稻根系吸收及运转 Fe 的能力可能较弱，随着产量的升高，Fe 养分在籽粒中呈"稀释效应"。从中可看出，南方黄泥田有效 Fe 含量虽然丰富，但籽粒 Fe 含量与产量难以同步提高。鉴于 Fe 在我国膳食中的重要作用，采用根外追肥等其他途径提高黄泥田籽粒 Fe 含量显得尤有必要。

第三节　主要结论

长期施肥显著提高了水稻产量，连续 35 年长期配施牛粪与稻草分别比 NPK 处理提高 13.1% 与 10.7%，显示有机物质长期还田对黄泥田水稻产量有显著的提升效果。另外，各施肥处理的水稻产量与基础地力（不施肥产量）均呈显著正相关，表明良好的基础地力是高产施肥的基础。

长期有机物质投入提高了黄泥田水稻籽粒氨基酸品质。施肥主要提高了水稻籽粒大量营养元素含量，尤其是配施有机肥。施肥可提高水稻籽粒的中量元素含量与微量营养元素中锰、铜、锌的含量，但籽粒铁含量下降，尤其是有机无机肥配施。

第十三章
黄泥田改良利用技术

第一节　有机物料还田技术

水稻是福建省主要粮食作物，年播种面积约 60 万 hm^2。水稻收获后会产生大量稻秆，稻秆被焚烧或随意堆置，不仅会导致农业环境污染，也造成有机资源的严重浪费。另外，福建省中低产田比重大，约占全省耕地三分之二，中低产田土壤有机质含量普遍较低，为提高水稻产量，农户过量施用化肥、重用轻养的问题普遍存在。稻秆含有机质约 70%、N 0.82%、P_2O_5 0.13%、K_2O 1.9%，以 666.7 m^2 产生 350 kg 稻秆干物量计，全量还田可提供有机碳 147 kg、N 2.9 kg、P_2O_5 0.5 kg、K_2O 6.6 kg，因此稻秆全量还田是土壤碳减排与水稻营养供给的重要途径。另外，福建畜禽粪便、菌渣等有机肥源丰富。据 2019 年福建统计年鉴，2018 年福建省食用菌产量 133.36 万 t，猪存栏数 799.9 万头，牛存栏数 30.92 万头。每年产生的食用菌废菌料达 200 多万 t，畜禽粪污达 4 000 多万 t，这些废弃物可生产有机肥料 1 000 万 t 以上，因此，农业废弃物综合利用潜力极大。本节阐述了黄泥田稻秆与有机肥协同应用技术，旨在实现水稻增产提质增效。

一、稻秆与有机肥还田技术

早稻田稻秆全量粉碎还田：早稻成熟时采用全喂入式收割机收割，稻草全部粉碎还田，旋耕机翻压至土壤耕层 15 cm 以下，沤 10 d 后晚稻插秧。

中、晚稻田稻秆全量粉碎还田：单（晚）季稻区水稻收获后，稻草粉碎，覆盖还田，翌年春季翻压还田，有条件可深翻入土。

水稻生育期化肥减施技术：在配方施肥基础上，水稻生育期氮肥、磷肥减施 10%，钾肥可适当减施 20%～30%。

双季稻区，早稻收割后，为抢种晚稻，可施用适量石灰或稻秆腐熟剂以加快腐熟。

为培肥地力、减少化肥用量，稻秆还田可与有机肥配合施用。

二、稻秆与有机肥还田应用研究

等氮条件下设 6 个处理：①100%化肥（RO0，CK）；②80%化肥+20%（稻秆+

有机肥）（RO20）；③60%化肥+40%（稻秆+有机肥）（RO40）；④40%化肥+60%（稻秆+有机肥）（RO60）；⑤20%化肥+80%（稻秆+有机肥）（RO80）；⑥100%（稻秆+有机肥）（RO100）。100%化肥处理施氮肥135 kg/hm²，$N：P_2O_5：K_2O=1：0.4：0.7$。根据调查，福建区域稻秆全量还田干物量约为3 750 kg/hm²，以此作为最高稻秆翻压量，确定配施20%、40%、60%、80%与100%有机物料联合还田中的稻秆干物量分别为750 kg/hm²、1 500 kg/hm²、2 250 kg/hm²、3 000 kg/hm²与3 750 kg/hm²，氮不足部分由有机肥补足，相应的有机肥鲜基用量为1 368 kg/hm²、2 736 kg/hm²、4 140 kg/hm²、5 472 kg/hm²与6 840 kg/hm²（表13-1）。

表13-1　稻秆-有机肥联合还田下氮磷钾养分投入量（kg/hm²）

处理	N	P_2O_5	K_2O
①RO0（CK）	135.0	54.0	94.5
②RO20	135.0（27.0）	61.1（17.9）	114.1（38.5）
③RO40	135.0（54.0）	68.2（35.8）	133.4（76.7）
④RO60	135.0（81.0）	75.3（53.7）	152.8（115.0）
⑤RO80	135.0（108.0）	82.4（71.6）	172.2（153.3）
⑥RO100	135.0（135.0）	89.5（89.5）	191.6（191.6）

注：括号内数据为稻秆-有机肥联合还田有机物料养分投入量。

1. 稻秆-有机肥联合还田对水稻产量及效益的影响

与CK处理相比，有机物料联合还田与化肥配施均表现为增产趋势（表13-2），RO20、RO40、RO60与RO80处理连续4年平均籽粒产量较CK处理增幅8.4%～13.9%，差异均显著，其中以RO20处理增产效果最佳，不同施肥处理的稻秆产量同样以RO20处理最高，较CK处理增产17.5%，差异显著。第4年不同处理的籽粒产量变化趋势与4年平均基本一致。从中也可看出，等氮水平下，随着有机物料联合还田替代化肥比重的增加，籽粒产量与稻秆产量较CK处理增幅总体呈下降趋势。此外，无论是第4年的籽粒产量，还是4年平均籽粒产量，RO100与CK处理均无显著性差异。说明等氮条件下，从籽粒产量角度考量，黄泥田有机物料联合还田养分可以完全替代化肥。

从第4年产量构成来看，有机物料联合还田的有效穗数均较CK处理有不同程度地提高，但随有机物料比重的增加呈逐步降低的趋势，其中以RO20处理最高，较 CK 处理提高 36.0%，差异显著，其次为 RO40 处理，较 CK 处理提高 24.5%，差异显著（表 13-2）；不同处理的每穗实粒数均有高于 CK 处理的趋势，但未达到显著差异水平；不同处理的千粒重无显著差异。说明有效穗数是决定不同施肥处理产量差异的主要因子。

表 13-2　稻秆-有机肥联合还田下水稻产量

| 处理 | 有效穗数（×10⁴/hm²） | 每穗实粒数（粒） | 千粒重（g） | 第 4 年 | | 4 年平均 | |
				籽粒产量（kg/hm²）	稻秆产量（kg/hm²）	籽粒产量（kg/hm²）	稻秆产量（kg/hm²）
①RO0（CK）	98.84 b	185.5 a	27.33 a	5 863 c	4 139 b	6 403 b	3 650 c
②RO20	134.40 a	206.8 a	26.72 a	6 576 a	5 585 a	7 295 a	4 290 a
③RO40	123.02 a	218.6 a	27.74 a	6 580 a	5 654 a	6 974 a	4 151 ab
④RO60	118.04 ab	186.7 a	27.40 a	6 287 ab	4 970 ab	7 017 a	4 025 b
⑤RO80	114.49 ab	224.3 a	27.27 a	6 163 bc	5 059 ab	6 944 a	3 967 b
⑥RO100	101.69 b	210.4 a	26.69 a	5 783 c	4 645 ab	6 493 b	3 406 d

注：有效穗、每穗实粒数与千粒重为第 4 年观测值。

表 13-3 显示，RO20、RO40 处理连续 4 年平均的水稻效益要优于 CK 处理，分别增幅 2 204 元/hm² 与 527 元/hm²，RO60 处理效益与 CK 处理基本持平。RO80 与 RO100 处理较 CK 处理有不同程度地降低，且有机物料配施比重越大，效益降低越明显。综合增产、化肥减施与效益分析，以 RO20 处理最佳，其次是 RO40 处理。需要说明的是，本研究施肥效益是基于不同处理稻谷价格一致的前提下计算所得，由于全量有机肥生产的稻米价格要高于化肥生产的稻米，RO100 处理的施肥效益仍可能高于 CK 处理。

表 13-3　稻秆-有机肥联合还田下水稻经济效益（元/hm²）

处理	产值	肥本	施肥效益
①RO0（CK）	20 490	1 539	18 951
②RO20	23 344	2 189	21 155
③RO40	22 317	2 839	19 478
④RO60	22 454	3 488	18 966

（续表）

处理	产值	肥本	施肥效益
⑤RO80	22 221	4 138	18 083
⑥RO100	20 778	4 788	15 990

注：按每千克籽粒 3.2 元、尿素 2.2 元、过磷酸钙 0.9 元、氯化钾 3.1 元、有机肥 0.7 元计算，成本仅计肥本；数据为 4 年平均值，下表同。

2. 稻秆-有机肥联合还田对水稻植株养分累积吸收及肥料利用率的影响

表 13-4 显示，除 RO100 处理外，有机物料联合还田的籽粒氮素吸收较 CK 处理增幅 8.4%～13.9%，稻秆氮素吸收增幅 8.7%～17.5%，地上部分氮素吸收增幅 8.5%～14.9%，差异均显著，且均以 RO20 处理氮吸收量最高。氮素吸收量总体随有机物料施用比重增加而降低。从氮素回收率来看，除 RO100 处理外，有机物料联合还田的氮素回收率较 CK 处理提高 6.5～11.4 个百分点，RM20 处理的氮素回收率显著高于 RO80 与 RO100 处理。

表 13-4　稻秆-有机肥联合还田下水稻植株氮素养分累积量及回收率

处理	籽粒 N 吸收量（kg/hm²）	稻秆 N 吸收量（kg/hm²）	地上部 N 素吸收总量（kg/hm²）	回收率变化（±,%）
①RO0（CK）	75.37 b	27.91 c	103.28 c	—
②RO20	85.87 a	32.80 a	118.67 a	11.4 a
③RO40	82.09 a	31.74 ab	113.83 ab	7.8 ab
④RO60	82.60 a	30.77 b	113.37 ab	7.5 ab
⑤RO80	81.73 a	30.33 b	112.06 b	6.5 b
⑥RO100	76.43 b	26.04 d	102.47 c	-0.6 c

从磷养分吸收来看（表 13-5），除 RO100 处理外，有机物料联合还田的籽粒、稻秆与地上部植株磷素吸收量均显著高于 CK 处理，分别增幅 8.4%～13.9%、8.8%～17.6%、8.5%～14.8%，均以 RO20 处理吸收量最高，钾养分吸收表现出相同趋势，除 RO100 处理外，有机物料联合还田的籽粒、稻秆与地上部植株钾素吸收量分别较 CK 处理增幅 8.4%～13.9%、8.7%～17.5%、8.6%～16.9%，差异均显著，且均以 RO20 处理磷、钾养分吸收量最高。

表 13-5　稻秆-有机肥联合还田下水稻植株磷、钾养分累积量（kg/hm²）

处理	籽粒 P 吸收量	稻秆 P 吸收量	地上部 P 吸收总量	籽粒 K 吸收量	稻秆 K 吸收量	地上部 K 吸收总量
①RO0（CK）	16.59 b	5.34 c	21.93 c	18.21 b	92.63 c	110.84 c
②RO20	18.90 a	6.28 a	25.18 a	20.75 a	108.86 a	129.61 a
③RO40	18.07 a	6.07 ab	24.15 ab	19.84 a	105.33 ab	125.17 ab
④RO60	18.18 a	5.89 b	24.07 b	19.96 a	102.13 b	122.09 b
⑤RO80	17.99 a	5.81 b	23.80 b	19.75 a	100.66 b	120.41 b
⑥RO100	16.83 b	4.98 d	21.81 d	18.47 b	86.43 d	104.90 d

3. 稻秆-有机肥联合还田对土壤肥力的影响

表 13-6 显示，有机物料联合还田不同程度改善了土壤理化性状。与 CK 处理相比，有机物料联合还田的土壤 pH 值增幅 0.05～0.34 个单位，有机质含量增幅 4.51～9.21 g/kg，全氮含量增幅 0.04～0.46 g/kg，有效磷增幅 2.0～13.1 mg/kg，速效钾增幅 36.7～112.7 mg/kg。土壤 pH 值、有机质、全氮、有效磷与速效钾养分变化总体随有机物料比重的增加而增加，而有机物料联合还田的土壤容重则逐步下降，降幅 0.06～0.14 g/cm³，差异均显著。有机物料联合还田还不同程度提高了土壤微生物量碳、氮含量（表 13-7），其中 RO100 处理与 CK 处理差异显著，稻秆-有机肥联合还田处理也不同程度提高了脲酶、磷酸酶活性，但转化酶活性均有所降低。与供试前土壤相比，CK 处理的有机质与速效养分均有不同程度下降，而有机物料联合还田处理提高了有机质与有效磷与速效钾含量。说明稻秆-有机肥联合还田总体改善了土壤理化、生化性状，提高了土壤肥力水平。

表 13-6　稻秆-有机肥联合还田下土壤理化性状指标

处理	pH 值	有机质（g/kg）	全氮（g/kg）	碱解氮（mg/kg）	有效磷（mg/kg）	速效钾（mg/kg）	容重（g/cm³）
①RO0（CK）	5.09 b	26.02 c	1.37 b	103.4 a	10.8 b	28.6 d	1.28 a
②RO20	5.14 b	31.02 ab	1.48 b	101.0 a	12.8 b	65.3 cd	1.20 bc
③RO40	5.23 ab	30.53 b	1.41 b	102.5 a	20.2 ab	96.0 bc	1.19 bc
④RO60	5.33 ab	32.55 ab	1.55 b	112.8 a	20.0 ab	110.0 ab	1.22 b

（续表）

处理	pH 值	有机质 （g/kg）	全氮 （g/kg）	碱解氮 （mg/kg）	有效磷 （mg/kg）	速效钾 （mg/kg）	容重 （g/cm³）
⑤RO80	5.33 ab	35.23 a	1.83 a	111.9 a	23.9 a	115.9 ab	1.17 cd
⑥RO100	5.43 a	31.42 ab	1.80 a	114.3 a	19.1 ab	141.3 a	1.14 d

注：第4年土壤数据。

表13-7　稻秆-有机肥联合还田下土壤生化指标

处理	微生物量碳 （mg/kg）	微生物量氮 （mg/kg）	脲酶 [mg(NH₃-N)/ (kg·24 h)]	酸性磷酸酶 [mg(P₂O₅)/ (100 g·2 h)]	转化酶 [mL(0.1 mol/L Na₂S₂O₃)/g]
①RO0（CK）	611.0 a	70.6 b	12.33 b	424.26 a	1.64 a
②RO20	699.6 a	70.9 b	15.47 a	447.81 a	1.26 ab
③RO40	677.3 a	80.3 ab	14.74 ab	423.71 a	1.03 bc
④RO60	678.0 a	81.6 ab	13.96 ab	463.87 a	1.13 abc
⑤RO80	642.8 a	84.7 ab	14.25 ab	427.16 a	0.68 c
⑥RO100	644.9 a	90.5 a	14.83 ab	442.47 a	1.20 abc

注：第4年土壤数据。

以上稻秆-有机肥协同还田主要结果表明：稻秸-有机肥联合还田提高了黄泥田产能与养分利用水平，有机物料联合还田可替代部分化肥。综合考虑水稻增产效应、化肥减施、经济效益与肥力提升效果，等氮投入下，稻秸-有机肥联合还田，以替代20%化肥效果最佳，其次为替代40%化肥。

第二节　紫云英压青利用

20世纪70—80年代绿肥曾为我国主要的有机肥源，后因化肥大量使用，绿肥种植面积持续缩减。当前我国正在推进生态文明建设，农业生产上倡导农药化肥"双减"，恢复稻区绿肥种植、大力发展现代绿肥生产是重要的化肥绿色替代措施。紫云英（*Astragalus sinicus*）是我国南方稻田最主要的冬季豆科绿肥作物，在培肥土壤、固氮减排、化肥减量增效、促进绿色增产方面发挥着举足轻重的作用（刘威等，2009；张祥明 等，2011）。

一、紫云英栽培管理技术

1. 紫云英品种

选用早发、高产、适应性强的紫云英品种，如"闽紫"系列品种。在中、晚稻收割前15～20 d排水搁田后撒播，结合无人机每666.7 m^2 播种1.5～2.0 kg，高产品种可适当减量。

2. 稻秆高留茬还田技术

水稻收割前7～10 d落干，保持田面干爽。水稻机收时留高茬，高度35 cm以上，其余稻草粉碎还田。

3. 紫云英生育期管理技术

根据苗情每666.7 m^2 补施过磷酸钙5～10 kg，冬灌"跑马水"防旱，开春后要清沟防渍。中稻区紫云英初花期喷施硼砂与钼酸铵叶面肥1～2次，提高结荚率。

4. 紫云英–稻秆协同还田技术

早稻、再生稻区紫云英盛花期压青还田，每666.7 m^2 鲜草量1 500～2 000 kg，中稻区控制黑荚花序35%～40%，与半腐解稻秆协同翻压入田。

5. 水稻生育期化肥减施技术

与常规施肥相比，紫云英还田后水稻化肥可减量20%，中晚稻收割后紫云英每666.7 m^2 基本苗如达到20万株以上，第二年紫云英种子可不播或少播，实现一次播种多年繁殖利用。

二、紫云英压青应用研究

1. 紫云英连续压青替代化肥效应

试验始于2009年，共设7个处理，分别为：①对照（CK），不施紫云英和化肥；②100%化肥（100%F）；③紫云英+100%化肥（M+100%F）；④紫云英+80%化肥（M+80%F）；⑤紫云英+60%化肥（M+60%F）；⑥紫云英+40%化肥（M+40%F）；⑦紫云英（M）。常规化肥用量为施氮量N 135 kg/hm^2，N∶P_2O_5∶K_2O=1∶0.4∶0.7，每年紫云英翻压量为18 000～22 500 kg/hm^2。

（1）紫云英连续翻压对水稻产量的影响

与 100%F 处理对比，M+100%F 与 M+80%F 处理籽粒年产量、秸秆年产量以及地上部生物量也都有不同程度提高，籽粒产量分别提高 3.7% 与 3.0%（图 13-1、图 13-2）；秸秆历年产量提高 5.1% 与 5.6%，且均达到显著水平；M+60%F 处理的水稻籽粒、秸秆产量和地上部生物量与 100%F 处理基本持平；而 M+40%F 和 M 处理的水稻籽粒产量、秸秆产量都比 100%F 处理有不同程度降低。

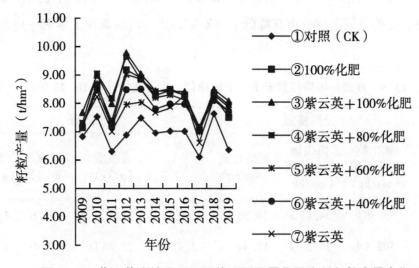

图 13-1　紫云英连续翻压下配施不同用量化肥水稻籽粒产量变化

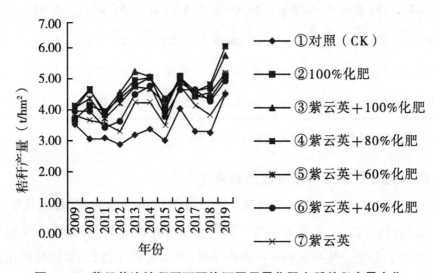

图 13-2　紫云英连续翻压下配施不同用量化肥水稻秸秆产量变化

（2）紫云英连续翻压对土壤理化生化性状的影响

翻压紫云英并配施不同用量化肥改善了土壤理化、生化性状。与100%F处理相比，化肥配合翻压紫云英均提高了土壤微生物生物量碳、有机质与全氮含量，微生物生物量碳增幅7.3%～14.3%，有机质增幅7.9%～12.0%，全氮增幅9.4%～14.1%（表13-8）。其中M+100%F与M+80%F处理的有机质和全氮含量与100%F处理差异均显著（$P<0.05$），另M+100%F处理的微生物生物量碳与100%F处理差异也达到了显著水平（$P<0.05$）。M+100%F与M+80%F处理的可溶性氮含量呈增加趋势。此外，翻压紫云英有降低土壤容重趋势，这对黏质土壤有一定程度的改良作用。

表13-8　连续种植翻压紫云英下土壤理化、生化性状（第10~11年）

处理	分蘖盛期			成熟期			
	微生物生物量碳（mg/kg）	微生物生物量氮（mg/kg）	可溶性氮（mg/kg）	pH值	有机质（g/kg）	全氮（g/kg）	容重（g/cm^3）
①CK	555.5 c	34.15 a	18.58 ab	5.52 a	21.91 c	1.22 b	1.12 a
②100%F	592.5 bc	34.33 a	18.44 ab	5.47 a	22.96 bc	1.28 b	1.15 a
③M+100%F	677.3 a	42.41 a	21.83 a	5.33 a	24.84 a	1.42 a	1.04 a
④M+80%F	635.8 ab	34.00 a	20.85 ab	5.34 a	24.86 a	1.42 a	1.07 a
⑤M+60%F	621.2 abc	36.00 a	18.24 ab	5.50 a	24.78 ab	1.40 a	1.05 a
⑥M+40%F	657.0 ab	34.44 a	17.02 b	5.38 a	25.72 a	1.46 a	1.05 a
⑦M	639.5 ab	39.19 a	16.90 b	5.55 a	25.19 a	1.42 a	1.03 a

注：容重为第11年数据，其余为第10年数据。

2. 紫云英与有机物料联合还田效应

试验始于2009年，共设6个处理：①不施肥（T0，CK）；②单施化肥（T1）；③仅翻压紫云英（T2）；④紫云英与水稻秸秆联合还田（T3）；⑤紫云英与牛粪配施还田（T4）；⑥紫云英和水稻秸秆联合还田+40%化肥（T5）。常规化肥用量为施氮量135 kg/hm^2，N∶P$_2$O$_5$∶K$_2$O=1∶0.4∶0.7，每年紫云英翻压量为18 000～22 500 kg/hm^2，牛粪用量为3 000 kg/hm^2（干基），秸秆全量还田平均3 750 kg/hm^2

（干基）。

（1）紫云英与有机物料连续还田对水稻产量的影响

不同施肥均明显增加了水稻籽粒和秸秆产量，T_5处理增产效果最为明显，不同年份籽粒产量较 CK 处理增幅 6.8%～35.6%；T_2处理产量增幅最小，不同年份籽粒产量较 CK 处理增幅 6.4%～21.2%（图 13-3a、图 13-3b）。从历年平均产量来看，相比 CK 处理，不同施肥的水稻籽粒增产 11.4%～21.0%，秸秆增产 17.1%～40.2%，差异均显著（$P<0.05$），其中紫云英与秸秆联合还田+40%化肥处理 T_5效果尤为明显，其连续 11 年的籽粒与秸秆平均产量分别比 T_1处理提高 3.4%和 6.6%，差异显著（$P<0.05$）。另外，在未施用化肥条件下，仅翻压紫云英的 T_2处理籽粒产量与秸秆产量分别相当于 T_1处理的 95.2%与 89.0%，差异均显著（$P<0.05$），而紫云英与秸秆或牛粪联合还田（T_3和 T_4）的水稻产量与 T_1处理未有明显的差异。表明对中低产黄泥田而言，紫云英+秸秆或紫云英+牛粪模式与水稻习惯施肥产量基本相当。

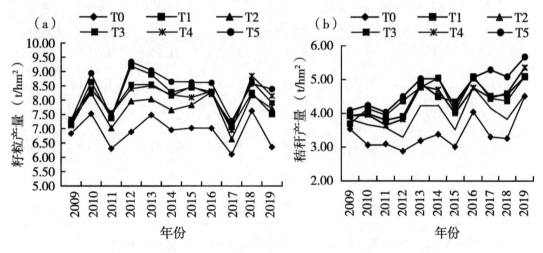

图 13-3　紫云英与有机物料连续还田下水稻籽粒与秸秆产量动态

（2009—2019 年）

（2）紫云英与有机物料连续还田对土壤性质的影响

从第 10 年、第 11 年不同处理的土壤性质来看，与 CK 处理相比，施肥均不同程度提高了分蘖盛期土壤微生物量碳、氮含量（表 13-9），其中微生物量氮增幅 6.6%～22.9%，除 T_1处理外，紫云英与有机物料组合各处理与 CK 处理差异均显著（$P<0.05$），其中 T_5处理提升最为明显；紫云英与有机物料组合处理的微生物量碳、

氮含量均高于单施化肥 T_1 处理，其中 T_5 处理比 T_1 处理二者分别提高 15.2%、42.3%，差异显著（$P<0.05$）；对可溶性氮而言，T_4 与 T_5 处理的土壤可溶性氮有高于单施化肥 T_1 处理的趋势，但未达到显著水平；在水稻成熟期，各处理土壤 pH 值无显著差异，但与 T_1 处理相比，翻压紫云英或紫云英与有机物料联合还田有提高土壤 pH 值的趋势；翻压紫云英或与有机物料联合还田的土壤有机质与全氮含量均显著高于 CK 与 T_1 处理（$P<0.05$），与 T_1 处理相比，有机质含量增幅 9.7%～16.7%，全氮含量增幅 10.9%～14.8%，其中以 T_5 处理增幅最为明显，T_1 处理的土壤有机质及全氮含量与 CK 处理无明显差异；此外，与 T_1 处理相比，紫云英与有机物料还田处理有降低土壤容重的趋势。说明黄泥田连续翻压紫云英或结合有机物料还田，耕层养分库容增加、微生物活性增强，土壤趋于疏松，土壤理化性状得到一定程度改善。

表 13-9　紫云英与有机物料连续还田下土壤性质变化

处理	分蘖盛期			成熟期			
	微生物量碳 （mg/kg）	微生物量氮 （mg/kg）	可溶性氮 （mg/kg）	pH 值	有机质 （g/kg）	全氮 （g/kg）	容重 （g/cm³）
T_0（CK）	555.51 c	34.15 b	18.58 ab	5.52 a	21.91 b	1.22 b	1.12 a
T_1	592.52 bc	34.33 b	18.44 ab	5.47 a	22.96 b	1.28 b	1.15 a
T_2	639.49 ab	39.19 ab	16.90 b	5.55 a	25.19 a	1.42 a	1.03 a
T_3	616.23 b	45.64 ab	16.88 b	5.58 a	25.41 a	1.43 a	1.06 a
T_4	614.73 b	42.81 ab	21.47 a	5.50 a	25.85 a	1.47 a	1.04 a
T_5	682.50 a	48.85 a	21.37 a	5.59 a	26.80 a	1.47 a	1.05 a

注：容重为 2019 年数据（第 11 年），其余为第 2018 年数据（第 10 年）。

以上紫云英压青利用结论：连续 11 年压青紫云英绿肥并配施适量化肥促进了水稻氮素吸收，年翻压紫云英 18 000～22 500 kg/hm²，最多可减少 40% 化肥用量，其中减少 20% 化肥用量时增产效果最佳。翻压紫云英或与有机物料联合还田均不同程度提高了黄泥田土壤养分库容，促进了水稻植株养分吸收与产量提升，紫云英与秸秆或牛粪联合还田可全部替代黄泥田水稻化肥施用，紫云英和水稻秸秆联合还田+40% 化肥处理在提高产量、改善土壤肥力和籽粒氨基酸品质方面作用尤为明显。

第三节　水旱轮作技术

受高温高湿的影响，南方红壤性水稻土酸性强，有机质含量低，有效养分不足，其中黏瘦型水稻土以黄泥田为代表，为福建省主要中低产田类型之一。通过水旱轮作改良土壤，以期达到提升红壤性水稻土生产力的效果。

一、水旱轮作技术

在闽西北地区，重点推广水稻-油菜（紫云英、蔬菜）等水旱轮作模式；在闽东南沿海，重点推广水稻-蚕豆（毛豆、蔬菜）等水旱轮作模式。代表性的轮作模式如下。

1. 蚕豆-水稻轮作技术

选用'慈蚕1号''陵西一寸''沁后本1号'等品种。适宜播种时间为10月下旬至11月中旬每 666.7 m^2 施石灰 20~30 kg，深耕做畦。蚕豆播种后，灌足出苗水，开花结荚期及时灌"跑马水"。初荚期及时打顶，促进结荚和豆粒饱满。蚕豆鲜荚采摘后，新鲜秸秆及时切碎并翻压还田。每 666.7 m^2 新鲜蚕豆秆翻压量以1 500 kg左右为宜。后作水稻。

2. 油菜-水稻轮作技术

选用'浙油50''中双11号''油研9号'等品种。前茬收获后及时翻耕做畦。育苗移栽的在9月下旬至10月上中旬播种，苗龄30~35 d移栽。直播栽培于10月中下旬穴播。花芽分化前后喷施0.2%硼砂溶液1~2次。掌握在全田角果80%退绿现黄、种子呈本品种的固有色泽时收割。收获时只割分枝，留高茬机械切碎翻耕还田。每 666.7 m^2 油菜秸秆干物还田量 150~250 kg。后作水稻。

3. 紫云英-水稻轮作技术

选用早发、高产、适应性强的'闽紫'系列等品种。紫云英一般在9月中下旬至10月中下旬播种。在中、晚稻收割前 15~20 d播种，水稻收割可高茬留田。每 666.7 m^2 用种量 1.5~2.0 kg，高产品种可适当减播种子，采用钙镁磷肥 2.5~5.0 kg拌种，播种时落籽均匀。水稻收割后每 666.7 m^2 施过磷酸钙 10~15 kg、氯化钾 3~4 kg。冬季灌"跑马水"防旱，开春后要多次清沟防渍。双季早稻在紫云英盛花期或插秧前 10～20 d 翻压，翻压时每 666.7 m² 施用石灰 25～40 kg，翻压鲜草以 1 500 kg左右为宜。单季稻在初荚期翻压。

4. 其他

水旱轮作过程，应结合秸秆还田、施用有机肥，深施肥料，通过旱作做畦加深耕层等措施，以养带种、以种促养，提高土壤有机质，减轻土传病虫害，提高耕地产能。

二、水旱轮作结合秸秆还田应用研究

试验设 8 个处理，分为 2 组，一组为无秸秆还田，另一组为秸秆循环还田，每组均为 4 个处理：①中稻-冬闲（CK）；②中稻-油菜；③中稻-春玉米；④中稻-毛豆。每处理设 3 次重复，采用随机区组排列。旱作期结合起畦栽培，畦高 20 cm。秸秆还田包括水稻、旱作秸秆，即水稻秸秆还田到旱作种植期，旱作秸秆还田到水稻种植期，秸秆切段 5～10 cm，回田并翻压入土，田间保持湿润状态，自然腐熟。

1. 不同轮作方式与秸秆还田处理对旱作产量的影响

连续 4 年水旱轮作下，配合稻秆还田的油菜籽平均产量较无稻秆还田增产 15.5%，油菜秆产量增产 13.4%（表 13-10）；配合稻秆还田的春玉米鲜产量较无稻秆还田增产 13.5%，春玉米秸秆产量基本保持不变，配合稻秆还田的毛豆鲜产量较无稻秆还田增产 1.0%，毛豆秸秆产量增产 1.6%。说明轮作模式下，配合稻秆还田总体有助于提升旱作产量。除中稻-毛豆处理，配合秸秆还田的油菜氮吸收量较无秸秆田处理增加 10.7%，春玉米增加 3.6%。对磷素而言，同样除中稻-毛豆处理，配合秸秆还田的油菜磷吸收量较无秸秆还田处理增加 19.5%，春玉米增加 10.2%。配合秸秆还田的油菜钾吸收量较无秸秆还田处理增加 27.2%，春玉米钾吸收量增加 15.3%，毛豆钾吸收量增加 7.1%。说明配合秸秆还田总体提高了旱作的氮磷钾养分吸收量，提升了肥料利用率。

表 13-10 轮作与秸秆还田处理的旱作产量（4 年平均，kg/hm²）

处理	模式	籽粒产量	秸秆产量
无秸秆翻压	①中稻-冬闲（CK）	—	—
	②中稻-油菜	1 117	2 100
	③中稻-春玉米	13 315	5 135
	④中稻-毛豆	7 327	1 298

（续表）

处理	模式	籽粒产量	秸秆产量
秸秆翻压	⑤中稻-冬闲	—	—
	⑥中稻-油菜	1 290	2 381
	⑦中稻-春玉米	14 300	5 154
	⑧中稻-毛豆	7 402	1 319

注：油菜、春玉米、毛豆的籽粒产量分别为油菜籽（干基）、玉米（鲜基）与毛豆（鲜基），旱作秸秆产量均为干基。

2. 不同轮作方式与秸秆还田处理对水稻产量的影响

与 CK 处理相比，中稻-油菜、中稻-春玉米与中稻-毛豆处理不同水旱轮作下，水稻籽粒增产 4.8%~6.9%，差异均显著（$P<0.05$），在此基础上进一步结合秸秆还田，较 CK 增产 10.2%~10.7%，差异均显著（$P<0.05$，表 13-11）。单独翻压稻秆处理增产 8.2%，较 CK 处理也达到显著水平（$P<0.05$）。从水稻秸秆产量来看，各轮作处理的秸秆产量较 CK 处理增幅 6.1%~13.2%，其中中稻-春玉米处理的秸秆产量与 CK 处理差异显著（$P<0.05$），在此基础上进一步结合秸秆还田，较 CK 增产 15.2%~19.4%，中稻单独翻压稻秆的增产 12.8%。说明黄泥田水旱轮作结合秸秆还田有效提高了稻田生产力水平。

表 13-11　不同轮作方式与秸秆还田处理的水稻产量（4 年平均，kg/hm²）

处理	模式	籽粒产量	秸秆产量
无秸秆翻压	①中稻-冬闲（CK）	7 693 d	4 762 c
	②中稻-油菜	8 176 bc	5 052 bc
	③中稻-春玉米	8 066 c	5 393 ab
	④中稻-毛豆	8 227 bc	5 210 abc
有秸秆翻压	⑤中稻-冬闲	8 321 ab	5 372 ab
	⑥中稻-油菜	8 515 a	5 514 ab
	⑦中稻-春玉米	8 495 a	5 688 a
	⑧中稻-毛豆	8 476 a	5 486 ab

3. 不同轮作方式与秸秆还田处理对水稻籽粒氨基酸含量的影响

表 13-12 显示，不同轮作模式对水稻籽粒总氨基酸含量影响不明显，而轮作结合秸秆还田较单独轮作的籽粒氨基酸均有不同程度的增加，其中秸秆还田下中稻-春玉米模式的籽粒总氨基酸含量较 CK 提高 11.8%，差异显著（$P<0.05$）；从必需氨基酸来看，轮作不同程度提高了籽粒必需氨基酸含量，但未达到显著差异水平，轮作结合秸秆还田进一步提高了籽粒必需氨基酸含量，其中秸秆还田下中稻-春玉米模式较 CK 提高 9.8%，差异显著（$P<0.05$）。说明秸秆还田下中稻-春玉米模式对提高籽粒氨基酸品质最为明显。

表 13-12　不同轮作方式与秸秆还田处理的水稻籽粒氨基酸含量（第 4 年）

处理	模式	总氨基酸（g/100 g）	必需氨基酸（g/100 g）
无秸秆还田	①中稻-冬闲（CK）	6.19 bc	2.04 bc
	②中稻-油菜	6.05 c	1.99 c
	③中稻-春玉米	6.55 abc	2.14 abc
	④中稻-毛豆	6.29 bc	2.05 bc
秸秆还田	⑤中稻-冬闲	6.49 abc	2.10 abc
	⑥中稻-油菜	6.65 ab	2.14 abc
	⑦中稻-春玉米	6.92 a	2.24 a
	⑧中稻-毛豆	6.63 ab	2.14 ab

4. 不同轮作方式与秸秆还田处理对土壤理化性状的影响

不同轮作处理与秸秆还田处理对土壤 pH 值无明显差异，轮作结合秸秆还田的土壤有机质较 CK 处理有不同程度提高，增加 0.15～4.15 g/kg，其中中稻-油菜轮作结合秸秆还田处理与 CK 的差异达到显著水平（$P<0.05$）；秸秆还田结合轮作处理的土壤全氮含量较单作处理的均有不同程度提高，中稻-油菜处理的土壤全氮含量与 CK 差异达到显著水平（$P<0.05$）。除中稻-毛豆外，轮作结合秸秆还田处理的土壤碱解氮均有不同程度提高，其中秸秆还田结合中稻-油菜轮作处理与 CK 差异达到显著水平（$P<0.05$）；轮作或轮作结合秸秆还田处理的有效磷均有不同程度增加，中稻-油菜、中稻-毛豆或结合秸秆还田处理均较 CK 显著增加（$P<0.05$）；秸秆还田结合轮作处理的土壤速效钾含量

均有不同程度增加，增加 8.8～42.8 mg/kg，其中秸秆还田结合中稻-油菜轮作与中稻-春玉米的处理与 CK 处理差异显著（$P<0.05$）。无秸秆还田下，不同轮作处理的土壤容重有降低趋势，但差异不显著。秸秆还田条件下，中稻-油菜轮作土壤的容重有降低趋势。稻秆与紫云英协同还田下土壤理化特性（第 4年）见表 13-13。

表 13-13　不同轮作方式与秸秆还田处理的土壤理化特性（第 4 年）

处理	模式	pH 值	有机质（g/kg）	全氮（g/kg）	碱解氮（mg/kg）	有效磷（mg/kg）	速效钾（mg/kg）	容重（g/cm³）
无秸秆还田	①中稻-冬闲（CK）	5.09 a	24.20 b	1.06 b	93.5 b	10.5 b	28.9 c	1.07 ab
	②中稻-油菜	5.02 a	24.07 b	1.05 b	104.6 ab	14.4 a	34.4 bc	1.06 ab
	③中稻-春玉米	4.98 a	23.64 b	1.02 b	95.6 b	12.5 b	28.9 c	1.04 ab
	④中稻-毛豆	5.04 a	23.34 b	1.02 b	89.6 b	14.1 a	30.0 c	1.05 ab
秸秆还田	⑤中稻-冬闲	5.04 a	25.62 ab	1.13 ab	97.1 b	12.0 ab	38.8 bc	1.10 ab
	⑥中稻-油菜	5.01 a	28.35 a	1.28 a	121.5 a	13.8 a	71.7 a	1.02 b
	⑦中稻-春玉米	5.03 a	25.58 ab	1.15 ab	101.0 b	12.9 ab	45.4 b	1.11 a
	⑧中稻-毛豆	5.07 a	24.35 b	1.06 b	93.2 b	14.0 a	37.7 bc	1.10 ab

以上水旱轮作结论：水旱轮作结合秸秆还田提高了黄泥田旱作与水稻产量。稻秆还田下的油菜籽与春玉米产量分别增加 15.5% 与 13.5%，水旱轮作下的水稻籽粒增产 4.8%～6.9%，在此基础上进一步结合秸秆还田，可增产 10.2%～10.7%。秸秆还田下中稻-春玉米模式对提高籽粒氨基酸最为明显。轮作结合秸秆还田的土壤有机质、速效钾含量较单作有不同程度提高。

第四节　厚沃耕层技术

黄泥田耕层浅薄，有机质含量低，土质黏重。立足耕作与有机培肥经验，在黄泥田开展耕作深度与有机肥配施试验，以期达到黄泥田生产力提升效果。

一、黄泥田厚沃耕层技术

利用旋耕机或微耕机深耕、深松，每年结合施用有机肥、秸秆翻压还田，实现水田肥沃耕作层厚度达到 20 cm。

单（晚）季稻区水稻收获后，稻草粉碎还田，翌年春季深翻还田。水稻犁田时将有机肥均匀撒在田面上，深翻入土。

二、黄泥田厚沃耕层应用研究

按等氮量设计。共设 6 处理，①浅耕-不施有机肥（CK）；②浅耕-中量有机肥；③浅耕-高量有机肥；④深耕-不施有机肥；⑤深耕-中量有机肥；⑥深耕-高量有机肥。中量有机肥施用 4 500 kg/hm^2（相当于替代 50% 化肥氮），高量有机肥施用 6 750 kg/hm^2（相当于替代 75% 化肥氮）。单施化肥处理每公顷施 N 135 kg、P_2O_5 54 kg、K_2O 94.5 kg。有机肥为市售商品有机肥，风干基含 N 1.5%、P_2O_5 3.3%、K_2O 2.5%、有机质 31.5%。耕作厚度由旋耕机统一操作，浅耕厚度平均 15 cm，深耕厚度平均 25 cm。

1. 深耕与配施有机肥对水稻产量的影响

浅耕条件下，配施中量有机肥与高量有机肥的水稻籽粒产量呈现增产的趋势，产量较 CK 未达到显著差异（表 13-14）；在此基础上，结合深耕，二者较 CK 处理分别增产 7.0% 与 5.4%，差异均达到显著水平。单独深耕处理的水稻籽粒产量增产 7.8%；从秸秆产量来看，浅耕条件下，配施中量有机肥与高量有机肥的秸秆产量分别较 CK 处理增产 6.0% 与 1.9%，其中浅耕-中量有机肥处理与 CK 处理差异显著（$P<0.05$），施用中量、高量有机肥基础上结合深耕，产量较 CK 处理分别提高 12.3% 与 7.7%，差异均显著（$P<0.05$），单独深耕处理的水稻秸秆产量较 CK 增产 10.6%，差异显著（$P<0.05$）。

表 13-14　不同耕作与施肥方式对水稻产量（kg/hm^2）的影响（5 年平均）

处理	籽粒产量	秸秆产量
①浅耕-不施有机肥（CK）	7 378 c	4 617 d
②浅耕-中量有机肥	7 422 bc	4 895 bc

（续表）

处理	籽粒产量	秸秆产量
③浅耕－高量有机肥	7 434 bc	4 706 cd
④深耕－不施有机肥	7 951 a	5 105 ab
⑤深耕－中量有机肥	7 894 a	5 187 a
⑥深耕－高量有机肥	7 774 ab	4 973 abc

对耕作方式与有机肥用量单因素因子分析可知（表13-15），深耕处理较浅耕处理籽粒产量与秸秆产量分别增产6.2%与7.4%，差异显著（$P<0.05$），等氮条件下，配施中量与高量有机肥的籽粒产量与秸秆产量较单施化肥产量差异不明显。说明深耕对黄泥田增产效果比配施有机肥明显。

表13-15　耕作与有机肥用量单因素下水稻产量（kg/hm²）

因素	处理	籽粒产量	秸秆产量
有机肥用量	0	7 665 a	4 861 ab
	4 500	7 658 a	5 041 a
	6 750	7 604 a	4 840 b
耕作方式	浅耕	7 412 b	4 739 b
	深耕	7 873 a	5 088 a

2. 深耕与配施有机肥对土壤物理性质的影响

对土壤容重而言（表13-16），施用有机肥或结合深耕对0～20 cm表层土壤容重总体影响不明显，而对20～40 cm土层而言，深耕条件下，施用中量有机肥与高量有机肥均降低了土壤容重，其中深耕－高量有机肥处理较CK降低0.13个百分点，差异显著（$P<0.05$）；对土壤田间持水量而言，各处理0～20 cm土层田间持水量无显著差异，但与CK相比，深耕或深耕结合中、高量有机肥施用均显著提高了土壤田间持水量，增幅为20.8%～25.9%（$P<0.05$）。上述结果说明，黄泥田深耕结合有机肥施用有利于改善亚表层土壤结构与田间持水能力。

表 13-16　不同耕作与施肥方式下土壤容重与田间持水量（第 5 年）

处理	土壤容重（g/cm³）		田间持水量（%）	
	0～20 cm	20～40 cm	0～20 cm	20～40 cm
①浅耕-不施有机肥（CK）	1.10 ab	1.54 ab	30.0 ab	21.6 c
②浅耕-中量有机肥	1.15 a	1.59 a	29.2 b	23.3 bc
③浅耕-高量有机肥	1.06 b	1.56 ab	32.0 a	19.9 c
④深耕-不施有机肥	1.17 a	1.50 abc	27.8 b	27.2 a
⑤深耕-中量有机肥	1.14 a	1.47 bc	29.0 b	26.2 ab
⑥深耕-高量有机肥	1.10 ab	1.41 c	30.3 ab	26.1 ab

3. 深耕与配施有机肥对土壤化学性质的影响

对 0～20 cm 土层而言，不同耕作方式下配施有机肥有提高土壤 pH 值，但降低碱解氮含量的趋势（表 13-17）；配施有机肥均提高了有效磷含量，以浅耕表现较为明显，浅耕条件下中量有机肥与高量有机肥分别较 CK 提高 78.4% 与 118.9%；配施有机肥同样提高了速效钾含量，以深耕表现较为明显，其中深耕-中量有机肥与深耕-高量有机肥的分别较 CK 提高 92.1% 与 133.2%；对 20～40 cm 土层而言，各处理 pH 值与碱解氮均无显著差异，但深耕有降低碱解氮含量的趋势，施用有机肥均提高了 20～40 cm 土壤的速效钾含量，尤其是深耕模式，深耕-中量有机肥与深耕-高量有机肥较 CK 处理分别提高 88.2% 与 64.7%。说明浅耕配施高量有机肥对提高 0～20 cm 有效磷含量较为明显，而深耕配施有机肥对 0～20 cm、20～40 cm 的速效钾含量较为明显。

表 13-17　不同耕作与施肥方式下土壤化学性质（第 5 年）

处理	pH 值		碱解氮（mg/kg）		有效磷（mg/kg）		速效钾（mg/kg）	
	0～20 cm	20～40 cm	0～20 cm	20～40 cm	0～20 cm	20～40 cm	0～20 cm	20～40 cm
①浅耕-不施有机肥（CK）	4.90 a	5.57 a	129.7 a	58.8 a	3.7 d	1.0 ab	24.1 c	11.9 cd
②浅耕-中量有机肥	4.93 a	5.34 a	125.5 a	66.7 a	6.6 ab	1.3 a	36.3 bc	13.0 bcd
③浅耕-高量有机肥	5.05 a	5.67 a	114.3 a	58.8 a	8.1 a	0.9 ab	47.4 ab	18.5 abc

（续表）

处理	pH 值		碱解氮 （mg/kg）		有效磷 （mg/kg）		速效钾 （mg/kg）	
	0～20 cm	20～40 cm	0～20 cm	20～40 cm	0～20 cm	20～40 cm	0～20 cm	20～40 cm
④深耕-不施有机肥	4.93 a	5.72 a	116.8 a	51.3 a	3.7 cd	1.0 ab	27.4 c	10.8 d
⑤深耕-中量有机肥	5.00 a	5.50 a	113.7 a	53.1 a	5.2 bcd	0.6 b	46.3 ab	22.4 a
⑥深耕-高量有机肥	4.99 a	5.47 a	117.7 a	54.9 a	5.8 bc	0.7 b	56.2 a	19.6 ab

对 0～20 cm 土壤，浅耕配施有机肥对土壤有机质提升明显（表 13-18），其浅耕-配施中量有机肥、浅耕-高量有机肥的土壤有机质含量分别较 CK 处理提高 8.0% 与 13.4%，全氮与有机质表现出相似的趋势，浅耕-中量有机肥、浅耕-高量有机肥的土壤全氮含量分别较 CK 处理提高 10.7% 与 16.7%；对于 20～40 cm 土层而言，不同处理间土壤有机质与全氮含量均无显著差异。说明浅耕配施有机肥对提高表层土壤有机质、全氮含量较为明显，尤其是配施高量有机肥。

表 13-18　不同耕作与施肥方式下有机质、全氮含量变化 （第 5 年）

处理	有机质 （g/kg）		全氮 （g/kg）	
	0～20 cm	20～40 cm	0～20 cm	20～40 cm
①浅耕-不施有机肥 （CK）	24.36 c	14.55 a	0.84 b	0.53 a
②浅耕-中量有机肥	26.31 ab	15.62 a	0.93 a	0.53 a
③浅耕-高量有机肥	27.62 a	13.58 a	0.98 a	0.45 a
④深耕-不施有机肥	22.84 d	13.78 a	0.71 c	0.61 a
⑤深耕-中量有机肥	24.26 cd	14.83 a	0.78 bc	0.58 a
⑥深耕-高量有机肥	25.34 bc	13.98 a	0.81 b	0.52 a

以上厚沃耕层结论：等氮条件下，深耕结合中量有机肥与高量有机肥处理的籽粒产量分别较浅耕-不施有机肥处理提高 7.0% 与 5.4%，单因素方差分析结果表明，深耕处理较浅耕处理籽粒产量与秸秆产量分别增产 6.2% 与 7.4%。等氮条件下，配

施中量与高量有机肥的籽粒产量与秸秆产量较单施化肥产量差异不明显。说明深耕对黄泥田增产效果比配施有机肥明显。施用有机肥或结合深耕有提高土壤有效磷、速效钾、有机质、全氮含量的趋势，另外，随着有机肥用量的增加，土壤容重呈现下降趋势。施用有机肥结合深耕能够有效提高黄泥田生产力。

第十四章
黄泥田改良利用研究策略

黄泥田是南方黄红壤地区分布广泛的一种中低产水稻土，主要由各种岩石风化物及第四纪红土上的红壤荒地或旱地经开垦种植水稻后发育而成。福建省黄泥田主要分布于山地丘陵、山前倾斜平原、滨海台地和河谷阶地（王飞 等，2018），土质黏重，俗称"干时一把刀，湿时一团糟"，生产条件较差，不利于作物生长（刘彦伶，2013）。因此，采取综合措施对其进行改良利用，研究其改良效果，对提高土壤质量与生产力水平，实现藏粮于地与社会经济的可持续发展具有重要意义。本章结合国内外已有研究成果，综合分析福建省黄泥田的分布与形成机制，阐明影响黄泥田土壤肥力和生产力的障碍特性，探讨各种综合的改良措施和改良效果，并对黄泥田今后的改良利用方向予以展望。

第一节　黄泥田形成过程

福建省黄泥田属渗育型水稻土，主要发育于凝灰岩、闪长岩、泥质岩、第四纪红色黏土和细粒结晶岩等风化物（林景亮，1991）。地下水埋深 2 m 以下，土壤水主要依赖灌溉水及降水补给，水的移运以下渗为主要形式，在高温多雨条件下，淋溶较为强烈，上层淋溶下来的还原性铁、锰多被氧化而淀积；土体渗育层发育较好，层位较浅，一般在 25～50 cm，呈多块状或棱柱状结构，较为爽水，整个层段被水合氧化铁染成黄色，有的可见铁锰淀斑，俗称"黄泥层"。黏粒的剖面分异也较明显，自上而下黏粒含量有递增的趋势。由于强烈的风化淋溶，土壤养分低，这与多由冲洪积物发育的灰泥田相比存在先天肥力不足。此外，黄泥田田块破碎，人为管理粗放，培肥力度不够，熟化低，从而加剧了肥力下降（王飞 等，2018）。

第二节　黄泥田障碍因子

一、耕层浅薄，土体构型不良

黄泥田的剖面，一般具有耕作层、犁底层、心土层（刘彦伶，2013）。不同熟化程度的黄泥田肥力不同，剖面各层土壤性质亦略有变化，其发育阶段主要以渗育型层段居多。土体构型是作物的立地条件，是协调土壤水、肥、气、热等肥力因素的物质基础。黄泥田土体构型主要存在以下问题：①耕层浅薄，一般厚 10～15 cm，有的不及 10 cm，被称之"犁无三寸土"，较浅的耕层造成水肥容量小，缓冲能力低，不利于根系生长（张宣，2014）；②犁底层坚实而黏韧，心底层有铁核或红白相间的网纹层，在犁底层和心土层之间常存在多种特殊发生层，如半风化碎屑物、白土层、铁屎层、青斑层等，易造成土体隔水、滞水、闭气、脱肥等现象，对作物生长极为不利（彭嘉桂 等，1986）。

二、土壤紧实，耕性不良

土壤颗粒组成是土体结构的主要组成，与其他成土母质及其风化程度密切相关。全省典型区域黄泥田土壤调查结果表明，黄泥田熟化程度低，土壤黏土矿物主要以铁铝氧化物和高岭石为主，黏粒含量（＜0.01 mm 的物理黏粒 33.32%±5.39%，＜0.001 mm 黏粒 9.08%±2.5%）和容重较高 [（1.28±0.16）g/cm³]，孔隙度低（49.54%±7.71%），土壤结构性较差（王飞 等，2018）。彭嘉桂等（1986）通过 25 个典型剖面的测定也发现黄泥田土壤质地黏重，胶结力大，土壤浸水容重、微结构系数、黏结性均偏高，犁耙困难。

三、土壤肥力不高，养分失调

黄泥田田块破碎，培肥力度不够，熟化低，肥力低下。根据全省典型区域黄泥田土壤调查结果，耕层有机质含量平均为 25.29 g/kg，土壤全氮含量为 1.61 g/kg，土壤全磷含量为 0.68 g/kg，土壤全钾含量为 14.28 g/kg，低于相同微地貌发育的灰泥田。同时因其质地比较黏重、通气性和透水性差、微生物活性低，导致土壤中的养分不易转化为有效状态，速效养分含量较低，尤以有效磷和速效钾含量低，碱解氮、有效磷和速效钾含量分别为 126.40 mg/kg、22.10 mg/kg 和 50.16 mg/kg（王飞 等，2018），因此应把提升土壤有机质含量、降低容重作为主攻方向。

四、土壤酸性强，保肥性能差

土壤酸化是黄泥田的主要特征之一，pH 值多在 5～6。土壤酸性加速养分离子的淋失，直接影响钾、钙、镁，尤其是磷的有效性，也使一些微量元素有效性受到制约，同时酸性导致大量铝离子和重金属离子释放，影响作物生长。黄泥田的盐基代换量小于每百克土 9 mg 当量，胶体吸附的盐基离子仅有 3～4 mg 当量（彭嘉桂等，1986）。可见，黄泥田土壤代换量低且盐基不饱和。

第三节　黄泥田改良利用措施

黄泥田是一种发育程度较浅的中低产水稻土。盆栽试验表明，黄泥田的基础地力经济产量、基础地力地上部生物产量较灰泥田分别低 26.9% 与 23.5%，相应的基础地力贡献率分别低 14.1 与 9.7 个百分点（王飞等，2019）。针对其主要障碍因子"黏、酸、瘦、薄、旱"（廖臻瑞，1994），建立以有机肥为中心的合理施肥体系，结合其他农业措施，改善土壤环境，逐步提高作物产量并实现高产稳产（彭嘉桂等，1986）。

一、兴修水利，推广节水灌溉

"有水缺肥收一半，有肥缺水不要看"，水利是农业生产的命脉。大多数黄泥田地区水来源主要依靠自然降雨，无灌溉水保证，抗旱能力低。为此可通过完善"蓄、引、提"设施，因地制宜解决黄泥田灌溉用水问题。利用兴修山塘和小型水库为主的工程，结合修建田间渠道是改善黄泥田蓄水防旱、引水抗旱的重要方式（周美珠 等，1994）。采用修拦山沟、筑高田坎、挖蓄水塘等方法可改造远离水源的黄泥田，充分利用地表径流，增加稻田蓄水保水能力（廖臻瑞，1994）。此外，还可推广湿润灌溉、秸秆或地膜覆盖、微喷灌等新型节水农业技术，提高农用水的利用效率。

二、深耕晒垡，加厚耕作层

黄泥田的耕层浅薄，土壤黏重，不利于作物根系生长。因此采取逐年加深耕作层（一般每年加深 3.33 cm），并结合施用塘泥或泥炭土，是增厚耕层的有效方法（何文通，1961）。深耕需逐年进行，土层加厚至 20 cm 左右为宜（刘树基，1980）。

深耕后晒垡可有效改善土壤物理性质和土壤结构，增加土壤通气性，提高土壤蓄水保墒能力，为作物生长发育创造良好的条件（周美珠 等，1994）。此外，深耕配合施用有机肥料和精耕细作，可加速土壤熟化，提高土壤保肥和保水性能，促进作物根系和地上部的生长（刘树基，1980）。

三、合理施肥，平衡矿质养分供给

黄泥田矿质养分贫乏，矿质养分失调是其普遍存在的生产障碍。黄泥田地区进行测土配方施肥或肥料效应研究试验，确定最佳的氮、磷、钾施用量是提高作物产量的一种科学方法（干晨兵，2010）。研究表明福建省黄泥田速效养分含量低（王飞 等，2018），肥料效应表现为氮肥＞钾肥＞磷肥，氮、磷、钾肥利用率分别为40.09%、13.98%、44.26%（张明来，2022）。在传统种植模式下，农民多重视氮肥施用，轻视磷钾肥施用，以致土壤养分失衡。平衡施肥模式可优化施肥结构与比例，提高肥料利用率和水稻产量（童长春 等，2020）。黄泥田双季早稻最经济的施肥比例 N：P_2O_5：K_2O＝1：0.5：0.5，晚稻最经济的施肥比例 N：P_2O_5：K_2O＝1：0.5：（0.75～1）（林映雪，1993）。黄进宝等（2007）指出219～225 kg/hm^2是太湖区域黄泥田兼顾生产、生态和效益的最适宜施氮量。黄胜（1989）发现过磷酸钙最佳施用量为750 kg/hm^2。南方地区高温多雨，雨水充沛而集中，土壤养分淋失严重，尤其是钾素长期支出高于施入，致使黄泥田水稻土速效钾普遍亏缺。福建省黄泥田缺钾严重，在生产中问题突出（彭嘉桂 等，1986）。廖海艳等（2014）发现中等施氮水平下黄泥田早稻 K_2O 适宜的施用量为150～195 kg/hm^2、晚稻253.5 kg/hm^2。为发挥钾肥最佳增产效应，应重视稻-稻轮作体系中早稻与晚稻钾肥的合理分配，根据不同生态区域土壤的钾素状况和早、晚稻的钾肥增产效应差异，采取"早稻轻，晚稻重"的分配原则（廖海艳 等，2014）。

四、增施有机肥，培肥土壤

黄泥田主要的特点是水耕熟化时间短，熟化程度低（荣勤雷 等，2014）。增施有机肥是改良黄泥田的基本方法（陈云峰 等，2018），其能改善土壤团粒结构和通透性，促进有益微生物的活动，使之形成适合水稻生长发育的良好氧化还原的土壤条件，进而实现供给植物养分和培肥土壤的双重功能（刘云 等，2013）。有机肥主要来自农村或城市的废弃物，包括种植业中的植物残体（秸秆、绿肥、肥饼等）、养殖业中的畜禽粪尿以及人类粪尿和生活垃圾等。对福建黄泥田长达32年的定位试验表明，配施牛粪与配合稻秆还田的水稻籽粒产量分别比单施化肥处理增产12.6%与9.3%（王飞 等，2015）。施用有机肥可显著改善黄泥田土壤物理性质，促进作物根系伸展及对养分、水分的吸收。稻秸-有机肥联合还田土壤容重显著降低，降幅为0.06~0.14 g/cm³，一定程度上促进了黄泥田黏性土壤疏松透气，有利于水稻根系生长与养分吸收利用（王飞 等，2021）。连续进行稻秆和紫云英联合还田有效提高了黄泥田土壤肥力质量及水稻氮素利用率（王飞 等，2021）。高强等（2021）研究表明，化肥配施秸秆同时添加秸秆快腐菌剂和控释BB肥配施牛粪均提高了黄泥田水稻土>2.00 mm粒径大团聚体所占比例，降低了<0.25 mm粒径微团聚体含量，增强了土壤团聚体稳定性，提升土壤保水保肥能力。

土壤肥力是农业生产的基础，有机肥的施用可显著增加黄泥田土壤有机质、潜在养分和速效养分含量，从而提高水稻产量。邱多生等（2005）研究表明，黄泥田经过连续12年有机培肥土壤全碳、全氮和全磷分别提高1.1 g/kg、3.0 g/kg和0.3 g/kg，土壤肥力由低肥力水平提高到中上等肥力水平。胡诚等（2016）研究表明，不同改良措施（菇渣、泥炭土、生物有机肥）均可提高土壤可溶性物质、胡敏酸、胡敏素含量，以及土壤其他养分含量，培肥土壤并提高其稳定性，促进作物增产。向黄泥田中添加绿肥、畜禽粪肥、秸秆和秸秆+腐熟菌剂配施化肥后，土壤碱解氮、速效磷、速效钾含量均有明显增加，且培肥效果为秸秆>猪粪>绿肥（荣勤雷 等，2014）。配施有机肥可降低黄泥田碳、氮、磷、钾等养分的损失，促进其在土体的累积，提高氮肥的利用率，增加作物产量（Nie et al.，2018；王祎，2019；周旋 等，2018）。

土壤酶和微生物是土壤有机质、土壤养分转化和循环的动力，有机培肥是提高黄泥田生物肥力的重要措施。基于福建省农业科学院1983建立的黄泥田长期定位试验研究发现，配施牛粪和稻秆处理更利于提高土壤酶活性和微生物数量，改善微生物群落结构（Yang et al.，2021），提升土壤生物肥力（邱珊莲 等，2013；聂三安 等，2018）。荣勤雷等（2014）研究低产黄泥田土壤培肥机理结果表明，有机培肥显著影响黄泥田土壤微生物多样性和群落结构，且对真菌的影响大于细菌和放线菌。Liu et al.（2017）对黄泥田土壤质量的研究中表明，黄泥田中施入猪粪、稻草和绿肥后参与土壤C、N、P和S循环的酶活性均有所提高，且配施猪粪的增幅最大。

作物产量是土壤肥沃程度的总和反映，产量增加是黄泥田改良的主要目的之一。戴竞雄等（2020）通过连续 35 年的施肥试验得出，化肥配施牛粪和秸秆黄泥田水稻产量较单施化肥显著提高 22.7% 和 20.4%。宓文海等（2016）基于 3 年田间试验发现，施用化肥比不施肥产量显著提高 35.5%，添加不同有机物（菇渣、紫云英、畜禽粪便、秸秆）后产量较单施化肥增幅 9.7%～12.3%。翻压不同数量紫云英与化肥配施均可显著提高单季稻的产量，翻压量 24 000 kg/hm² 增幅最大，较单施化肥增产 23.01%。

五、合理施用改良剂，调节土壤酸度

土壤酸化会导致土壤有效钙、镁等养分的有效性降低，是黄泥田土壤的主要障碍因素。长期不合理施肥导致黄泥田酸化普遍加剧，周建等（2012）基于速效氮肥收支的计算结果表明，每公顷土壤每季氮肥施用带入 H⁺ 为 20～33 kmol，其对土壤酸化的影响较酸沉降更为严重。在黄泥田中合理施用生物炭、贝壳灰、石灰等改良剂，可改变土壤过酸特性，提高土壤微生物活性，还能增加阳离子代换能力，促进磷素释放（邓汉龙，2013）。何艳等（2015）发现，向黄泥田配施猪粪生物炭 21 000～36 000 kg/hm² 可缓解黄泥田的酸障碍，进而促进水稻生长，提高水稻产量。严建辉（2019）研究表明，在黄泥田中施用牡蛎壳土壤调理剂 2 250 kg/hm² 和 1 500 kg/hm²，土壤 pH 值分别提高 0.8 和 0.5 个单位。黄泥田中合理施用石灰对土壤酸度有较为明显的调节作用，早稻淹水后土壤 pH 值随着石灰用量的增加而提高，且生石灰的改良效果优于熟石灰、贝壳灰和石灰石粉（林增泉 等，1985）。然而，何电源等（1989）研究表明，对于 pH 值为 5.6～7.0 的稻田土壤，施用石灰是不必要的。彭嘉桂等（1986）研究也表明一般灌溉后，土壤 pH 值 >5，活性 Al³⁺ 含量不超过 1 mg/kg，对水稻生长的危害不大，可不必施用石灰。因此，黄泥田改良剂的施用量应因地制宜，且实时实地监控，以免过量施用导致土壤板结。

第四节 黄泥田改良利用研究展望

近年来各级政府部门加大了耕地质量保护与提升建设力度，福建省中低产田治理取得了一定成效，综合生产能力稳步提高。但由于黄泥田基础条件脆弱，且生产

中受到众多因素的影响，目前的状况仍未能完全适应农业发展的需要。福建省人多田少，中低产黄泥田占比较大，进一步加快黄泥田治理和综合利用对提高粮食单产、保障粮食安全与促进农民增收至关重要。

一是加强黄泥田改良利用技术研究。研究黄泥田土壤调理剂、改良利用技术及稻田养分精准管理，有效提升耕地地力水平，并适当减少化肥用量，实现健康土壤培育与丰产节肥增效的技术体系。

二是建立土壤质量长期定位观测站点。加强典型区域黄泥田土壤质量要素、产能变化及固碳减排的的动态监测，掌握黄泥田改良利用下土壤肥力要素的演变进程及环境效应，明确肥力与固碳减排协同提升机制，从而寻找更加适合的调控措施，促进黄泥田耕地质量等级提升。同时，了解不同改良技术对黄泥田土壤物理、化学、生物性质的影响，深入研究改良技术的地力提升与增产原理，促进耕地质量学科发展。

三是完善黄泥田基础设施建设，提升农田产能。根据黄泥田的区域分布，对各市、各县、各镇的黄泥田资源进行汇总排序，确定出今后黄泥田改造工作的重点地区，并有计划地分步加强水利基础设施建设。在兴修水利、开挖防洪沟的同时要结合治山，营造水土保持林，防止水土流失。进一步做好田、林、路、渠的综合治理，实现农田林网化，提高黄泥田防洪、防旱、防渍能力。

四是因地制宜，综合治理，强化生态高值利用。黄泥田治理主要包括工程措施、农业措施和生物措施。在利用改良上，应遵循以下原则。一是用养结合。对中低产田遵循改良、轮作套种耕作模式，与休耕养护等相结合，消除或减轻限制各种障碍因素，改善农田生态，逐步提升耕地基础地力。二是有机培肥。通过施用有机肥、秸秆还田、绿肥还田等途径，稳步提高耕层土壤有机质含量，改善土壤理化性状，提升土壤保水保肥性能。三是平衡施肥。应用测土配方施肥技术，在施用有机肥基础上，控制施用化肥总量，优化施肥结构、改进施肥方式，促进土壤养分平衡与提高供肥能力，避免过量施肥导致的面源污染和养分失调。少数黄泥田用单一性措施便可奏效，但多数的黄泥田中低产田是有多项障碍因素造成，必须运用多种措施综合治理才能取得最佳效果。黄泥田多分布于丘陵区域，可因地制宜种植生态高值大米，发展绿色有机农业，实现最佳的经济效益、生态效应和社会效益。

五是充分调动各地区积极性，完善农技推广网络。黄泥田主要分布于山垅、排田，交通不便，耕作管理粗放，科学技术的推广应用尤为薄弱，是造成中低产的重要因素之一。因此，充分调动各地区的积极性，加大资金的投入，加强农技推广网络建设，充分发挥农技员在农技推广中的骨干作用具有十分重要的意义。通过网络作用，提高科技覆盖面，宣传普及到农户，提高农民文化素质和科技水平，为黄泥田改良与利用、丰产增效培养一批较高素质的劳动生产者。

参考文献

白由路，金继运，杨俐苹，2004. 我国土壤有效镁含量及分布状况与含镁肥料的应用前景研究 [J]. 土壤肥料（2）：3-5.

包耀贤，吴发启，刘莉，2008. 渭北旱塬梯田土壤钾素状况及影响因素分析 [J]. 水土保持学报（1）：78-82.

蔡祖聪，钦绳武，2006. 作物 N、P、K 含量对于平衡施肥的诊断意义 [J]. 植物营养与肥料学报，12（4）：473-478.

曹小闯，吴良欢，马庆旭，等，2015. 高等植物对氨基酸态氮的吸收与利用研究进展 [J]. 应用生态学报，26（3）：919-929.

曹莹菲，张红，赵聪，等，2016. 秸秆腐解过程中结构的变化特征 [J]. 农业环境科学学报，35（5）：976-984.

曹志洪，周建民，2008. 中国土壤质量 [M]. 北京：科学出版社.

陈丹梅，段玉琪，杨宇虹，等，2014. 长期施肥对植烟土壤养分及微生物群落结构的影响 [J]. 中国农业科学，47（17）：3424-3433.

陈丹梅，袁玲，黄建国，等，2017. 长期施肥对南方典型水稻土养分含量及真菌群落的影响 [J]. 作物学报，43（2）：286-295.

陈恩凤，关连珠，汪景宽，等，2001. 土壤特征微团聚体的组成比例与肥力评价 [J]. 土壤学报（1）：49-53.

陈恩凤，周礼恺，邱凤琼，等，1984. 土壤肥力实质的研究：Ⅰ. 黑土 [J]. 土壤学报（3）：229-237.

陈防，鲁剑巍，万运帆，等，2000. 长期施钾对作物增产及土壤钾素含量及形态的影响 [J]. 土壤学报，37（2）：233-241.

陈云峰，夏贤格，胡诚，等，2018. 有机肥和秸秆还田对黄泥田土壤微食物网的影响 [J]. 农业工程学报，34（S1）：19-26.

陈志豪，梁雪，李永春，等，2017. 不同施肥模式对雷竹林土壤真菌群落特征的影响 [J]. 应用生态学报，28（4）：1168-1176.

丛耀辉，张玉玲，张玉龙，等，2016. 黑土区水稻土有机氮组分及其对可矿化氮的贡献 [J]. 土壤学报，53（2）：457-467.

戴竞雄，王飞，2020. 长期施肥对南方黄泥田水稻养分吸收利用的影响 [J]. 中国土壤与肥料（6）：189-196.

邓汉龙，2013. 新罗区不同地域黄泥田土壤肥力变化分析 [J]. 湖南农业科学（6）：21-24.

丁洪，王跃思，项虹艳，等，2003. 福建省几种主要红壤性水稻土的硝化与反硝化活性 [J]. 农业环境科学学报，22 (6)：715-719.

董林林，杨浩，于东升，等，2014. 引黄灌区土壤有机碳密度剖面特征及固碳速率 [J]. 生态学报，34 (3)：690-700.

范钦桢，谢建昌，2005. 长期肥料定位试验中土壤钾素肥力的演变 [J]. 土壤学报 (4)：591-599.

福建省土壤普查办公室，1991. 福建土壤 [M]. 福州：福建科学技术出版社.

付贡飞，2013. 长期施肥条件下潮土区冬小麦-夏玉米农田基础地力的演变规律分析 [D]. 北京：中国农业科学院.

干晨兵，2010. 大土黄泥田水稻"3414"肥料效应试验研究 [J]. 现代农业科技 (3)：51-52.

高洪军，彭畅，张秀芝，等，2019. 不同秸秆还田模式对黑钙土团聚体特征的影响 [J]. 水土保持学报，33 (1)：75-79.

高明，车福才，魏朝富，等，2000. 长期施用有机肥对紫色水稻土铁锰铜锌形态的影响 [J]. 植物营养与肥料学报，6 (1)：11-17.

高强，宓文海，夏斯琦，等，2021. 长期不同施肥措施下黄泥田水稻土团聚体组成、稳定性及养分分布特征 [J]. 河南农业科学，50 (6)：70-81.

高三平，李俊祥，徐明策，等，2007. 天童常绿阔叶林不同演替阶段常见种叶片 N、P 化学计量学特征 [J]. 生态学报，27 (3)：947-952.

贡璐，张雪妮，冉启洋，2015. 基于最小数据集的塔里木河上游绿洲土壤质量评价 [J]. 土壤学报，52 (3)：682-689.

关文玲，王旭东，李利敏，等，2002. 长期不同施肥条件下土壤腐殖质动态变化及存在状况研究 [J]. 干旱地区农业研究，20 (2)：32-35.

郭新春，曹裕松，邢世和，2013. 闽北 3 种人工林土壤游离氨基酸组成及其差异研究 [J]. 江西师范大学学报（自然科学版），37 (3)：310-315.

何电源，朱应远，王昌燎，1989. 稻田施用石灰问题的研究 [J]. 华中农业大学学报（A1）：19-24.

何文通，1961. 黄泥田的低产原因及改良经验 [J]. 土壤 (2)：14-15.

何艳，胡佳杰，徐建明，等，2015-01-10. 利用猪粪生物炭改良酸化低产黄泥田的方法：中国，201510014045.9 [P].

和文祥，来航线，武永军，等，2001. 培肥对土壤酶活性影响的研究 [J]. 浙江大学学报（农业与生命科学版），27（3）：265-268.

贺金生，韩兴国，2010.生态化学计量学：探索从个体到生态系统的统一化理论 [J].植物生态学报，34（1）：2-6.

胡诚，陈云峰，乔艳，等，2016.秸秆还田配施腐熟剂对低产黄泥田的改良作用 [J].植物营养与肥料学报，22（1）：59-66.

胡诚，刘东海，陈云峰，等，2016.不同土壤改良措施对低产黄泥田土壤性质及水稻产量的影响 [J].中国土壤与肥料（3）：117-121.

黄进宝，范晓晖，张绍林，等，2007.太湖地区黄泥土壤水稻氮素利用与经济生态适宜施氮量 [J].生态学报（2）：588-595.

黄晶，张扬珠，徐明岗，等，2016.长期施肥下红壤水稻土有效磷的演变特征及对磷平衡的响应 [J].中国农业科学，49（6）：1132-1141.

黄胜，1989.黄泥田最佳施磷量的初步研究 [J].耕作与栽培（2）：43-45.

黄婷，岳西杰，葛玺祖，等，2010.基于主成分分析的黄土沟壑区土壤肥力质量评价——以长武县耕地土壤为例 [J].干旱地区农业研究，28（3）：141-147.

黄兴成，石孝均，李渝，等，2017.基础地力对黄壤区粮油高产、稳产和可持续生产的影响 [J].中国农业科学，50（8）：1476-1485.

贾俊仙，李忠佩，车玉萍，2010.添加葡萄糖对不同肥力红壤性水稻土氮素转化的影响 [J].中国农业科学，43（8）：1617-1624.

姜一，步凡，张超，等，2014.土壤有机磷矿化研究进展 [J].南京林业大学学报（自然科学版），38（3）：160-166.

金继运，1993.土壤钾素研究进展 [J].土壤学报，30（1）：94-101.

井大炜，邢尚军，2013.鸡粪与化肥不同配比对杨树苗根际土壤酶和微生物量碳、氮变化的影响 [J].植物营养与肥料学报，19（2）：455-461.

兰婷，韩勇，2013.两种水稻土氮初级矿化和硝化速率及其与氮肥利用率的关系 [J].土壤学报，50（6）：1154-1161.

李昌新，赵锋，芮雯奕，等，2009.长期秸秆还田和有机肥施用对双季稻田冬春季杂草群落的影响 [J].草业学报，18（3）：142-147.

李晨华，贾仲君，唐立松，等，2012.不同施肥模式对绿洲农田土壤微生物群落丰度与酶活性的影响 [J].土壤学报，49（3）：567-574.

李传友，郝东生，杨立国，等，2014.水稻小麦秸秆成分近红外光谱快速分析

研究 [J]. 中国农学通报, 30 (20): 133-140.

李桂林, 陈杰, 檀满枝, 等, 2008. 基于土地利用变化建立土壤质量评价最小数据集 [J]. 土壤学报, 45 (1): 16-25.

李娇, 信秀丽, 朱安宁, 等, 2018. 长期施用化肥和有机肥下潮土干团聚体有机氮组分特征 [J]. 土壤学报, 55 (6): 1494-1501.

李儒海, 强胜, 邱多生, 等, 2008. 长期不同施肥方式对稻油轮作制水稻田杂草群落的影响 [J]. 生态学报, 28 (7): 3236-3243.

李世清, 李生秀, 杨正亮, 2002. 不同生态系统土壤氨基酸氮的组成及含量 [J]. 生态学报, 22 (3): 379-386.

李寿田, 周健民, 王火焰, 等, 2003. 不同土壤磷的固定特征及磷释放量和释放率的研究 [J]. 土壤学报, 40 (6): 908-914.

李渝, 刘彦伶, 张雅蓉, 等, 2016. 长期施肥条件下西南黄壤旱地有效磷对磷盈亏的响应 [J]. 应用生态学报, 27 (7): 2321-2328.

梁涛, 廖敦秀, 陈新平, 等, 2018. 重庆稻田基础地力水平对水稻养分利用效率的影响 [J]. 中国农业科学, 51 (16): 3106-3116.

廖海艳, 廖育林, 鲁艳红, 等, 2014. 钾氮配施对湖南丘陵双季稻钾肥效应及钾素平衡的影响 [J]. 湖南农业大学学报 (自然科学版), 40 (5): 463-469.

廖育林, 鲁艳红, 聂军, 等, 2016. 长期施肥稻田土壤基础地力和养分利用效率变化特征 [J]. 植物营养与肥料学报, 22 (5): 1249-1258.

廖臻瑞, 1994. 黔东南州低产黄泥田的改良利用 [J]. 耕作与栽培 (4): 44-47.

林诚, 王飞, 何春梅, 等, 2014. 长期不同施肥对南方黄泥田磷库及其形态的影响 [J]. 植物营养与肥料学报, 20 (3): 541-549.

林诚, 王飞, 李清华, 等, 2009. 不同施肥制度对黄泥田土壤酶活性及养分的影响 [J]. 中国土壤与肥料 (6): 24-27.

林景亮, 1991. 福建土壤 [M]. 福州: 福建科学技术出版社.

林映雪, 1993. 三种稻田土壤的氮磷钾肥效及用量 [J]. 福建农业科技 (3): 10.

林增泉, 林炎金, 1985. 水稻土的酸度及其调节研究简报 [J]. 土壤通报 (6): 267-268.

刘建玲, 张凤华, 2000. 土壤磷素化学行为及影响因素研究进展 [J]. 河北农业大学学报, 23 (3): 36-45.

刘满强，胡锋，陈小云，2007. 土壤有机碳稳定机制研究进展 [J]. 生态学报，27（6）：2642-2650.

刘秋霞，戴志刚，鲁剑巍，等，2015. 湖北省不同稻作区域秸秆还田替代钾肥效果 [J]. 中国农业科学，48（8）：1548-1557.

刘树基，1980. 广东低产田的改良 [J]. 广东农业科学（6）：15-18，37.

刘威，鲁剑巍，苏伟，等，2009. 氮磷钾肥对紫云英产量及养分积累的影响 [J]. 中国土壤与肥料（5）：49-52.

刘彦伶，2013. 南方中低产黄泥田改良和产量提升技术研究 [D]. 杭州：浙江大学.

刘益仁，李想，郁洁，等，2012. 有机无机肥配施提高麦-稻轮作系统中水稻氮肥利用率的机制 [J]. 应用生态学报，23（1）：81-86.

刘云，杨青，胡海荣，等，2013. 宜昌市高山蔬菜基地土壤肥力状况及培肥措施 [J]. 长江蔬菜（2）：71-75.

刘哲，韩霁昌，孙增慧，等，2017. 外源新碳对红壤团聚体及有机碳分布和稳定性的影响 [J]. 环境科学学报，37（6）：2351-2359.

刘铮，1994. 我国土壤中锌含量的分布规律 [J]. 中国农业科学（1）：8.

刘铮，唐丽华，朱其清，等，1978. 我国主要土壤中微量元素的含量与分布初步总结 [J]. 土壤学报（2）：138-150.

刘正辉，李德豪，2015. 氨氧化古菌及其对氮循环贡献的研究进展 [J]. 微生物学通报，42（4）：774-782.

鲁如坤，2000. 土壤农业化学分析方法 [M]. 北京：中国农业科技出版社.

鲁艳红，廖育林，聂军，等，2016. 连续施肥对不同肥力稻田土壤基础地力和土壤养分变化的影响 [J]. 中国农业科学，49（21）：4169-4178.

鲁艳红，廖育林，周兴，等，2014. 长期不同施肥对红壤性水稻土产量及基础地力的影响 [J]. 土壤学报，51（4）：675-682.

罗培宇，樊耀，杨劲峰，等，2017. 长期施肥对棕壤氨氧化细菌和古菌丰度的影响 [J]. 植物营养与肥料学报，23（3）：678-685.

罗永清，赵学勇，李美霞，2012. 植物根系分泌物生态效应及其影响因素研究综述 [J]. 应用生态学报，23（12）：3496-3504.

骆东奇，白洁，谢德体，2002. 论土壤肥力评价指标和方法 [J]. 土壤与环境，11（2）：202-205.

毛霞丽，陆扣萍，何丽芝，2015. 长期施肥对浙江稻田土壤团聚体及其有机碳分布的影响 [J]. 土壤学报，52（4）：828-838.

门中华，贾小环，2006. 钙在植物营养中的作用 [J]. 阴山学刊，20（4）：38-40.

孟祥天，蒋瑀霁，王晓玥，等，2018. 生物质炭和秸秆长期还田对红壤团聚体和有机碳的影响 [J]. 土壤，50（2）：326-332.

宓文海，吴良欢，马庆旭，等，2016. 有机物料与化肥配施提高黄泥田水稻产量和土壤肥力 [J]. 农业工程学报，32（13）：103-108.

聂三安，赵丽霞，王祎，等，2018. 长期施肥对黄泥田土壤微生物群落结构和多样性的影响 [J]. 农业现代化研究，39（4）：689-699.

潘根兴，周萍，张旭辉，等，2006. 不同施肥对水稻土作物碳同化与土壤碳固定的影响：以太湖地区黄泥土肥料长期定位试验为例 [J]. 生态学报，26（11）：133-141.

裴瑞娜，杨生茂，徐明岗，等，2010. 长期施肥条件下黑垆土有效磷对磷盈亏的响应 [J]. 中国农业科学，43（19）：4008-4015.

彭嘉桂，林炎金，林代炎，1986. 福建山区中低产水稻土特性研究 [J]. 福建农业科技（4）：16-18.

彭嘉桂，郑仲登，林增泉，等，1986. 黄泥田肥力特性及其改良利用研究 [J]. 福建省农科院学报（2）：8-15.

邱多生，李恋卿，焦少俊，等，2005. 长期不同施肥下太湖地区黄泥土肥力的变化 [J]. 土壤肥料（4）：28-32.

邱建军，王立刚，李虎，等，2009. 农田土壤有机碳含量对作物产量影响的模拟研究 [J]. 中国农业科学，42（1）：154-161.

邱珊莲，刘丽花，陈济琛，等，2013. 长期不同施肥对黄泥田土壤酶活性和微生物的影响 [J]. 中国土壤与肥料（4）：30-34.

全国农业技术推广服务中心，1994. 中国有机肥料养分志 [M]. 北京：中国农业出版社：53-55.

荣勤雷，梁国庆，周卫，等，2014. 不同有机肥对黄泥出土壤培肥效果及土壤酶活性的影响 [J]. 植物营养与肥料学报，20（5）：1168-1177.

邵兴芳，申小冉，张建峰，等，2014. 外源氮在中、低肥力红壤中的转化与去向研究 [J]. 中国土壤与肥料（2）：5-11.

申红芸，熊宏春，郭笑彤，等，2011. 植物吸收和转运铁的分子生理机制研究进展 [J]. 植物营养与肥料学报，17（6）：1522-1530.

沈汉，邹国元，2004. 菜地土壤评价中参评因素的选定与分级指标的划分 [J]. 土壤通报，35（5）：553-557.

沈浦，2014. 长期施肥下典型农田土壤有效磷的演变特征及机制 [D]. 北京：中国农业科学院.

石丽红，李超，唐海明，等，2021. 长期不同施肥措施对双季稻田土壤活性有机碳组分和水解酶活性的影响 [J]. 应用生态学报，32（3）：921-930.

史红平，王益权，石宗琳，等，2016. 农田土壤钙素含量及空间分布规律研究：以武功县大庄乡为例 [J]. 中国农业科学，49（5）：1008-1016.

孙爱文，张卫峰，杜芬，等，2009. 中国钾资源及钾肥发展战略 [J]. 现代化工，29（9）：10-14，16.

孙桂芳，杨光穗，2002. 土壤-植物系统中锌的研究进展 [J]. 华南热带农业大学学报（2）：22-30.

孙瑞莲，赵秉强，朱鲁生，等，2003. 长期定位施肥对土壤酶活性的影响及其调控土壤肥力的作用 [J]. 植物营养与肥料学报，9（4）：406-410.

谭德水，金继运，黄绍文，等，2008. 长期施钾与秸秆还田对华北潮土和褐土区作物产量及土壤钾素的影响 [J]. 植物营养与肥料学报（1）：106-112.

汤雷雷，万开元，陈防，2010. 养分管理与农田杂草生物多样性和遗传进化的关系研究进展 [J]. 生态环境学报，19（7）：1744-1749.

佟小刚，黄绍敏，徐明岗，等，2009. 长期不同施肥模式对潮土有机碳组分的影响 [J]. 植物营养与肥料学报，15（4）：831-836.

童长春，刘晓静，蔺芳，等，2020. 基于平衡施肥的紫花苜蓿光合特性及光合因子的产量效应研究 [J]. 草业学报，29（8）：70-80.

王飞，李清华，何春梅，等，2021. 稻秆与紫云英联合还田提高黄泥田氮素利用率和土壤肥力 [J]. 植物营养与肥料学报，27（1）：66-74.

王飞，李清华，何春梅，等，2021. 稻秸-有机肥联合还田对黄泥田水稻产能与化肥替代的影响 [J]. 中国生态农业学报（中英文），29（12）：2024-2033.

王飞，李清华，林诚，等，2015. 不同施肥模式对南方黄泥田耕层有机碳固存及生产力的影响 [J]. 植物营养与肥料学报，21（6）：1447-1454.

王飞，李清华，林诚，等，2015. 福建冷浸田土壤质量评价因子的最小数据集

［J］. 应用生态学报, 26（5）: 1461-1468.

王飞, 李清华, 林诚, 等, 2018. 福建黄泥田肥力质量特征与最小数据集 ［J］. 中国生态农业学报, 26（12）: 1855-1865.

王飞, 李清华, 林诚, 等, 2019. 南方低产黄泥田与高产灰泥田基础地力的差异 ［J］. 植物营养与肥料学报, 25（5）: 773-781.

王飞, 林诚, 李清华, 等, 2010. 长期不同施肥方式对南方黄泥田水稻产量及基础地力贡献率的影响 ［J］. 福建农业学报, 25（5）: 631-635.

王飞, 林诚, 李清华, 等, 2011. 长期不同施肥对南方黄泥田水稻子粒品质性状与土壤肥力因子的影响 ［J］. 植物营养与肥料学报, 17（2）: 283-290.

王飞, 林诚, 林新坚, 等, 2014. 连续翻压紫云英对福建单季稻产量与化肥氮素吸收、分配及残留的影响 ［J］. 植物营养与肥料学报, 20（4）: 896-904.

王建国, 杨林章, 单艳红, 2001. 模糊数学在土壤质量评价中的应用研究 ［J］. 土壤学报, 38（2）: 176-183.

王金洲, 2016. 秸秆还田的土壤有机碳周转特征 ［J］. 中国农业文摘–农业工程, 28（5）: 79.

王俊华, 尹睿, 张华勇, 等, 2007. 长期定位施肥对农田土壤酶活性及其相关因素的影响 ［J］. 生态环境, 16（1）: 191-196.

王克鹏, 张仁陟, 索东让, 2009. 长期施肥对河西灌漠土有机氮组分及剖面分布的影响 ［J］. 土壤通报, 40（5）: 1092-1097.

王丽, 李军, 李娟, 等, 2014. 轮耕与施肥对渭北旱作玉米田土壤团聚体和有机碳含量的影响 ［J］. 应用生态学报, 25（3）: 759-768.

王璐莹, 秦雷, 吕宪国, 等, 2018. 铁促进土壤有机碳累积作用研究进展 ［J］. 土壤学报, 55（5）: 1041-1050.

王西和, 吕金岭, 刘骅, 2016. 灰漠土小麦–玉米–棉花轮作体系钾平衡与钾肥利用率 ［J］. 土壤学报, 53（1）: 213-223.

王星, 崔晓阳, 郭亚芬, 2016. 寒温带林区不同林型土壤中游离氨基酸的研究 ［J］. 南京林业大学学报（自然科学版）, 40（4）: 42-48.

王艳玲, 何园球, 周晓冬, 2010. 两种培肥途径下红壤磷素储供能力的动态变化 ［J］. 土壤通报, 41（3）: 639-643.

王祎, 2019. 紫云英配施化肥对不同肥力水稻土细菌群落及可溶性有机碳氮动态的影响 ［D］. 福州: 福建农林大学.

王子腾，耿元波，梁涛，2019. 中国农田土壤的有效锌含量及影响因素分析
　　[J]. 中国土壤与肥料（6）：55-63.

吴刚，李金英，曾小舵，2002. 土壤钙的生物有效性及与其他元素的相互作用
　　[J]. 土壤与环境，11（3）：319-322.

吴景贵，吕岩，王明辉，等，2004. 有机肥腐解过程的红外光谱研究 [J]. 植物
　　营养与肥料学报（3）：259-266.

伍玉鹏，邓婵娟，姜炎彬，等，2015. 长期施肥对水稻土有机氮组分及氮素矿
　　化特性的影响 [J]. 农业环境科学学报，34（10）：1958-1964.

向万胜，黄敏，李学垣，2004. 土壤磷素的化学组分及其植物有效性 [J]. 植物
　　营养与肥料学报，10（6）：663-670.

向艳文，郑圣先，廖育林，等，2009. 长期施肥对红壤水稻土水稳性团聚体有
　　机碳、氮分布与储量的影响 [J]. 中国农业科学，42（7）：2415-2424.

肖雪，玛依拉玉素音，柴仲平，等，2021. 库尔勒香梨园土壤锰的空间分布特
　　征及其有效性与土壤 pH 的关系 [J]. 果树学报，38（12）：2091-2099.

辛亮，武传东，曲东，2012. 长期施肥对旱地土壤中氨氧化微生物丰度和分布
　　的影响 [J]. 西北农业学报，21（6）：41-46.

邢世和，2003. 福建耕地资源 [M]. 厦门：厦门大学出版社.

徐建明，张甘霖，谢正苗，等，2010. 土壤质量指标与评价 [M]. 北京：科学
　　出版社.

徐江兵，李成亮，何园球，等，2007. 不同施肥处理对旱地红壤团聚体中有机
　　碳含量及其组分的影响 [J]. 土壤学报，44（4）：675-682.

徐明岗，张旭博，孙楠，等，2017. 农田土壤固碳与增产协同效应研究进展
　　[J]. 植物营养与肥料学报，23（6）：1441-1449.

严建辉，2019. 牡蛎壳土壤调理剂对黄泥田花生产量及土壤酸化改良的影响
　　[J]. 农学学报，9（11）：17-20.

颜志雷，方宇，陈济琛，等，2014. 连年翻压紫云英对稻田土壤养分和微生物
　　学特性的影响 [J]. 植物营养与肥料学报，20（5）：1151-1160.

杨帆，孟远夺，姜义，等，2015. 2013 年我国种植业化肥施用状况分析 [J].
　　植物营养与肥料学报，21（1）：217-225.

杨洪波，史天昊，徐明岗，2018. 长期不同施肥下肥料氮在黑土不同团聚体有
　　机物中的固持差异 [J]. 植物营养与肥料学报，24（2）：357-364.

杨梅花，赵小敏，王芳东，等，2016. 基于主成分分析的最小数据集的肥力指数构建 [J]. 江西农业大学学报，38（6）：1188-1195.

杨玉爱，何念祖，叶正钱，1990. 有机肥料对土壤锌、锰有效性的影响 [J]. 土壤学报，27（2）：195-201.

银晓瑞，梁存柱，王立新，等，2010. 内蒙古典型草原不同恢复演替阶段植物养分化学计量学 [J]. 植物生态学报，34（1）：39-47.

尹力初，蔡祖聪，2005. 长期不同施肥对玉米田间杂草种群组成的影响 [J]. 土壤，37（1）：56-60.

尹逊霄，华珞，张振贤，等，2005. 土壤中磷素的有效性及其循环转化机制研究 [J]. 首都师范大学学报（自然科学版），26（3）：95-101.

俞巧钢，杨艳，邹平，等，2017. 有机物料对稻田土壤团聚体及有机碳分布的影响 [J]. 水土保持学报，31（6）：173-178.

岳龙凯，蔡泽江，徐明岗，等，2015. 长期施肥红壤钾素在有机无机复合体中的分布 [J]. 植物营养与肥料学报，21（6）：1551-1562.

曾冬萍，蒋利玲，曾从盛，等，2013. 生态化学计量学特征及其应用研究进展 [J]. 生态学报，33（18）：5484-5492.

曾希柏，李菊梅，徐明岗，等，2006. 红壤旱地的肥力现状及施用和利用的影响 [J]. 土壤通报，37（3）：434-437.

曾希柏，张佳宝，魏朝富，等，2014. 中国中低产田状况及改良策略 [J]. 土壤学报，51（4）：675-682.

占丽平，李小坤，鲁剑巍，等，2013. 水旱轮作条件下不同类型土壤供钾能力及钾素动态变化研究 [J]. 土壤学报，50（3）：591-599.

张爱君，马飞，张明普，2000. 黄潮土的钾素状况与钾肥效应的长期定位试验 [J]. 江苏农业学报，16（4）：237-241.

张宝贵，李贵桐，1998. 土壤生物在土壤有效磷有效化中的作用 [J]. 土壤学报，35（1）：104-111.

张电学，韩志卿，吴素霞，等，2017. 不同施肥制度对褐土有机氮及其组分的影响 [J]. 华北农学报，32（3）：201-206.

张恩平，高巍，张淑红，等，2009. 长期施肥条件下菜田土壤微生物特征变化 [J]. 生态学杂志，28（7）：1288-1291.

张光亮，白军红，郗敏，等，2015. 黄河三角洲湿地土壤质量综合评价 [J]. 湿地科学, 13 (6): 744-751.

张宏威, 康凌云, 梁斌, 等, 2013. 长期大量施肥增加设施菜田土壤可溶性有机氮淋溶风险 [J]. 农业工程学报, 29 (21): 99-107.

张会民, 刘红霞, 寇太记, 等, 2008. 旱地耕作土壤固钾特性及调钾技术研究 [Z].

张会民, 徐明岗, 吕家珑, 等, 2007. 长期施钾下中国 3 种典型农田土壤钾素固定及其影响因素研究 [J]. 中国农业科学 (4): 749-756.

张佳宝, 林先贵, 李晖, 2011. 新一代中低产田治理技术及其在大面积均衡增产中的潜力 [J]. 中国科学院院刊, 26 (4): 375-382.

张进, 吴良欢, 王敏艳, 2007. 铁氮配施对稻米中铁、锌、钙、镁和蛋白质含量的影响 [J]. 农业环境科学学报, 26 (1): 122-125.

张璐, 蔡泽江, 王慧颖, 等, 2020. 中国稻田土壤有效态中量和微量元素含量分布特征 [J]. 农业工程学报, 36 (16): 62-70.

张明来, 2022. 上杭县低山丘陵地区黄泥田晚稻施肥效应 [J]. 福建稻麦科技 (2): 28-32.

张文静, 程建峰, 刘婕, 等, 2021. 植物铁素 (Fe) 营养的生理研究进展 [J]. 中国农学通报, 37 (36): 103-110.

张祥明, 郭熙盛, 王文军, 等, 2011. 施用氮磷钾肥对紫云英生长·产量的影响 [J]. 安徽农业科学, 39 (30): 18585-18586、18694.

张旭东, 汪景宽, 张继宏, 等, 1999. 长期施肥对土壤中氨基酸吸附特性的影响 [C]. 迈向 21 世纪的土壤科学: 提高土壤质量促进农业持续发展. 南京: 中国土壤学会: 53-57.

张宣, 2014. 南方中低产黄泥田科学施肥技术研究 [D]. 杭州: 浙江大学.

张玉玲, 陈温福, 虞娜, 等, 2012. 长期不同土地利用方式对潮棕壤有机氮组分及剖面分布的影响 [J]. 土壤学报, 49 (4): 740-747.

张玉屏, 曹卫星, 朱德峰, 等, 2009. 红壤稻田钾肥施用量对超级稻生长及产量的影响 [J]. 中国水稻科学, 23 (6): 633-638.

张玉树, 丁洪, 王飞, 等, 2014. 长期施用不同肥料的土壤有机氮组分变化特征 [J]. 农业环境科学学报, 33 (10): 1981-1986.

章明奎, 郑顺安, 王丽平, 2007. 利用方式对砂质土壤有机碳、氮和磷的形态及其在不同大小团聚体中分布的影响 [J]. 中国农业科学, 40 (8):

1703-1711.

章明清，徐志平，姚宝全，等，2009. 福建主要粮油作物测土配方施肥指标体系研究Ⅱ. 土壤碱解氮、Olsen-P 和速效钾丰缺指标 [J]. 福建农业学报，24（1）：68-74.

赵秉强，2016. 传统化肥增效改性提升产品性能与功能 [J]. 植物营养与肥料学报，22（1）：1-7.

赵锋，董文军，芮雯奕，等，2009. 不同施肥模式对南方红壤稻田冬春杂草群落特征的影响 [J]. 杂草科学（1）：7-12.

赵欢，苟久兰，肖厚军，等，2016. 不同钾肥及其施用对贵州一熟区马铃薯生产性状与肥料利用率的影响 [J]. 西南农业学报，29（7）：1644-1648.

赵士诚，曹彩云，李科江，等，2014. 长期秸秆还田对华北潮土肥力、氮库组分及作物产量的影响 [J]. 植物营养与肥料学报，20（6）：1441-1449.

郑春荣，陈怀满，周东美，等，2002. 土壤中积累态磷的化学耗竭 [J]. 应用生态学报，13（5）：559-563.

郑存德，程岩，2013. 有机质对不同容重土壤物理特性的调控研究 [J]. 西南农业学报，26（5）：1929-1934.

周宝库，张喜林，2005. 黑土长期施肥对农作物产量的影响 [J]. 农业系统科学与综合研究（1）：37-39.

周碧青，陈成榕，杨文浩，等，2017. 茶树对可溶性有机和无机态氮的吸收与运转特性 [J]. 植物营养与肥料学报，23（1）：189-195.

周碧青，陈成榕，张黎明，等，2015. 茶树品种对亚热带茶园土壤可溶性有机氮组成的影响 [J]. 农业环境科学学报，34（6）：1158-1165.

周建，刘杏梅，吴建军，等，2012. 氮肥施用对黄泥田酸化的影响 [C]. 南京：中国土壤学会：437-438.

周礼恺，1983. 土壤酶活性的总体在评价土壤肥力水平中的作用 [J]. 土壤学报，20（4）：413-417.

周美珠，何登林，1994. 黄泥型中低产田的治理对策 [J]. 福建农业（2）：4.

周萍，Piccolo A，潘根兴，等，2009. 三种南方典型水稻土长期试验下有机碳积累机制研究Ⅲ. 两种水稻土颗粒有机质结构特征的变化 [J]. 土壤学报，46（3）：398-405.

周卫，2015. 低产水稻土改良与管理：理论·方法·技术 [M]. 北京：科学出版社.

周旋，吴良欢，董春华，等，2018. 氮肥配施生化抑制剂对黄泥田土壤钾素淋溶特征的影响 [J]. 中国生态农业学报，26（5）：737-745.

朱利群，杨敏芳，徐敏轮，等，2012. 不同施肥措施对我国南方稻田表土有机碳含量及固碳持续时间的影响 [J]. 应用生态学报，23（1）：87-95.

朱兆良，金继运，2013. 保障我国粮食安全的肥料问题 [J]. 植物营养与肥料学报，19（2）：259-273.

邹春琴，范晓云，石荣丽，等，2007. 铵态氮和硝态氮对早稻、水稻生长及铁营养状况的影响 [J]. 中国农业大学学报，12（4）：45-49.

左元梅，李晓林，张福锁，等，1998. 玉米/花生间作对土壤有效铁和花生铁营养的影响 [J]. 华中农业大学学报，17（4）：350-356.

AZEEZ J O, AVERBEKE W V, 2010. Nitrogen mineralization potential of three animal manures applied on a sandy clay loam soil [J]. Bioresource Technology, 101 (14): 5645-5651.

AERTS R, FSC LII, 1999. The mineral nutrition of wild plants revisited: a re-evaluation of processes and patterns [J]. Advances in Ecological Research, 30 (8): 1-67.

AGREN G I, 2004. The C : N : P stoichiometry of autotrophs-theory and observations [J]. Ecology Letters, 7 (3): 185-191.

AI C, LIANG G, SUN J, et al., 2013. Different roles of rhizosphere effect and long-term fertilization in the activity and community structure of ammonia oxidizers in a calcareous fluvo-aquic soil [J]. Soil Biology and Biochemistry, 57: 30-42.

ANGELIDAKI I, AHRING B K, 2000. Methods for increasing the biogas potential from the recalcitrant organic matter contained in manure [J]. Water Science & Technology, 41 (3): 189-194.

BACH H J, MUNCH J C, 2000. Identification of bacterial sources of soil peptidases [J]. Biology and Fertility of Soils, 31, 219-224.

BEAUREGARD M S, HAMEL C, ATUL-NAYYAR, et al., 2010. Long-term phosphorus fertilization impacts soil fungal and bacterial diversity but not am fungal community in alfalfa [J]. Microbial Ecology, 59 (2): 379-389.

BENDING G D, TURNER M K, RAYNS F, et al., 2004. Microbial and biochemical soil quality indicators and their potential for differentiating areas under contrasting agricultural management regimes [J]. Soil Biology and Biochemistry, 36 (11): 1785-1792.

BOND-LAMBERTY B, THOMSON A, 2010. Temperature-associatedincreases in the global soil respiration record [J]. Nature, 464 (7288): 579-582.

BURKE D J, WEINTRAUB M N, HEWINS C R, et al., 2011. Relationship between soil enzyme activities, nutrient cycling and soil fungal communities in a northern hardwood forest [J]. Soil Biology and Biochemistry, 43 (4): 795-803.

CAO N, CHEN X, CUI Z, et al., 2012. Change in soil available phosphorus in relation to the phosphorus budget in China [J]. Nutrient Cycling in Agro-ecosystems, 94: 161-170.

CHAKRABORTYA, CHAKRABARTI K, CHAKRABORTY A, et al., 2011. Effect of long-term fertilizers and manure application on microbial biomass and microbial activity of a tropical agricultural soil [J]. Biology and Fertility of Soils, 47 (2): 227-233.

CIUBERKIS S, BERNOTAS S, RAUDONIUS S, 2006. Long-term manuring effect on weed flora in acid and limed soils [J]. Acta Agriculturae Scandinavica, Section B-Soil & Plant Science, 56 (2): 96-100.

CLEMMENSEN K E, BAHR A, OVASKAINEN O, et al., 2013. Roots and associated fungi drive long-term carbon sequestration in boreal forest [J]. Science, 339 (6127): 1615-1618.

DAVIS A S, RENNER K A, GROSS K L, 2005. Weed seedbank and community shifts in a long-term cropping systems experiment [J]. Weed Science, 53 (3): 296-306.

DENEF K, ROOBROECK D, WADU M C, et al., 2009. Microbial community composition and rhizodeposit-carbon assimilation in differently managed temperate grassland soils [J]. Soil Biology & Biochemistry, 41: 144-153.

DENEF K, SIX J, 2005. Clay mineralogy determines the importance of biological versus abiotic processes for macroaggregate formation and stabilization [J]. European Journal of Soil Science, 56: 469-479.

DORAN J W, COLEMAN D C, BEZDICEK D F, et al., 1994. Defining Soil Quality for A Sustainable Environment [J]. Madison, Wisconsin: Soil Science Society of America Inc.

DYER A R, GOLDBERG D E, TURKINGTON R, et al., 2001. Effects of growing conditions and source habitat on plant traits and functional group definition [J]. Functional Ecology, 15: 85-95.

EDWARDS I P, ZAK D R, KELLNER H, et al., 2011. Simulated atmospheric N deposition alters fungal community composition and suppresses ligninolytic gene expression in a northern hardwood forest [J]. Plos One, 6 (6): e20421.

ELLIOTT E T, 1986. Aggregate structure and carbon, nitrogen, and phosphorus in native and cultivated soils1 [J]. Soil Science Society of America Journal, 50 (3): 627-633.

FAN F L, YANG Q B, LI Z J, et al., 2011. Impacts of organic and inorganic fertilizers on nitrification in a cold climate soil are linked to the bacterial ammonia oxidizer community [J]. Microbial Ecology, 62 (4): 982-990.

FITTER A H, HELGASON T, HODGE A, 2011. Nutritional exchanges in the arbuscular mycorrhizal symbiosis: Implications for sustainable agriculture [J]. Fungal Biology Review, 25 (1): 68-72.

FRIEDEL J, SCHELLER E, 2002. Composition of hydrolysable amino acids in soil organic matter and soil microbial biomass [J]. Soil Biology and Biochemistry, 34 (3): 315-325.

GEISSELER D, HORWATH W R, JOERGENSEN R G, et al., 2010. Pathways of nitrogen utilization by soil microorganisms - A review [J]. Soil Biology and Biochemistry, 42 (12): 2058-2067.

GONG W, YAN X, WANG J, HU T, et al., 2009. Long-term manure and fertilizereffects on soil organic matter fractions and microbes under a wheat-maize cropping system in Northern China [J]. Geoderma, 149 (3): 318-324.

GUO S L, DANG T H, HAO M D, 2008. Phosphorus changes and sorption characteristics in a calcareous soil under long-term fertilization [J]. Pedosphere, 18 (2): 248-256.

GVSEWELL S, 2004. N : P ratios in terrestrial plants: variation and functional significance [J]. New Phytol, 164 (2): 243-266.

GÓMEZ-BELLOT M J, ORTUÑO M F, NORTES P A, et al., 2015. Mycorrhizal euonymus plants and reclaimed water: Biomass, water status and nutritional responses [J]. Scientia Horticulturae, 186: 61-69.

HAN W X, FANG J Y, GUO D L, et al., 2005. Leaf nitrogen and phosphorus stoichiometry across 753 terrestrial plant species in China [J]. New Phytologist, 168 (2): 377-385.

HAO W Y, YAO H Q, XU Y R, 1981. Investigation of ecological distribution of fungi in paddy soils: Proceedings Symposium on Paddy Soil-Institute of Soil Science, Academia Sinica [C]: 323-329.

HE J Z, SHEN J P, ZHANG L M, et al., 2007. Quantitative analyses of the abundance and composition of ammonia-oxidizing bacteria and ammonia-oxidizing archaea of a Chinese upland red soil under long-term fertilization practices [J]. Environmental Microbiology, 9 (9): 2364-2374.

HOLST J, BRACKIN R, ROBINSON N, et al., 2012. Soluble inorganic and organic nitrogen in two australian soils under sugarcane cultivation [J]. Agriculture, Ecosystems & Environment, 155 (Supplement C): 16-26.

HUANG C C, LIU S, LI R Z, et al., 2016. Spectroscopic evidence of the improvement of reactive iron mineral content in red soil by long-term application of swine manure [J]. PLoS One, 11 (1): e0146364.

HUANG Y, SUN W, 2006. Changes in topsoil organic carbon of croplands in mainland China over the last two decades [J]. Chinese Sci. Bulletin, 51 (15): 1785-1803.

IGIEHON N O, BABALOLA O O, 2017. Biofertilizers and sustainable agriculture: Exploring arbuscular mycorrhizal fungi [J]. Applied Microbiology and Biotechnology, 101 (12): 4871-4881.

JASTROW J D, MILLER R M, BOUTTON T W, 1996. Carbon dynamics of aggregate-associated organic matter estimated by carbon-13 natural abundance [J]. Soil Science Society of America Journal, 60 (3): 801-807.

JIANG Z W, LU Y Y, XU J Q, et al., 2019. Exploring the characteristics of dissolved organic matter and succession of bacterial community during composting [J]. Bioresource Technology, 292: 1-10.

JIMÉNEZ-BUENO N G, VALENZUELA-ENCINAS C, MARSCHR, et al., 2016. Bacterial indicator taxa in soils under different long-term agricultural management [J]. Journal of Applied Microbiology, 120: 921-933.

KOERSELMAN W, MEULEMAND A F M, 1996. The vegetation N : P ratio: a new tool to detect the nature of nutrient limitation [J]. Journal of Applied Ecology, 33 (6): 1441-1450.

KONG A Y Y, FONTE S J, KESSEL C V, et al., 2007. Soil aggregates control N cycling efficiency in long-term conventional and alternative cropping systems [J]. Nutrient Cycling in Agroecosystems, 79: 45-58.

KOWALCHUK G A, STIENSTRA A W, HEILIG G H J, et al., 2000. Molecular analysis of ammonia-oxidising bacteria in soil of successional grasslands of the Drentsche A (The Netherlands) [J]. FEMS Microbiology Ecology, 31 (3): 207-215.

KRASHEVSKA V, KLARNER B, WIDYASTUTI R, et al., 2015. Impact of tropical lowland rainforest conversion into rubber and oil palm plantations on soil microbial communities [J]. Biology and Fertility of Soils, 51 (6): 697-705.

KUZYAKOV Y, FRIEDEL J K, STAHR K, 2000. Review of mechanisms and quantification of priming effects [J]. Soil Biology and Biochemistry, 32 (11): 1485-1498.

LI C S, FROLKING S, HARRISS R, 1994. Modeling carbon biogeochemistry in agricultural soils [J]. Global Biogeochemical Cycles, 8 (3): 237-254.

LIU M, HU F, CHEN X, et al., 2009. Organic amendments with reduced chemical fertilizer promote soil microbial development and nutrient availability in a subtropical paddy field: The influence of quantity, type and application time of organic amendments [J]. Applied Soil Ecology, 42 (2): 166-175.

LIU Z, RONG Q, ZHOU W, et al., 2017. Effects of inorganic and organic amendment on soil chemical properties, enzyme activities, microbial community and soil quality in yellow clayey soil [J]. PLoS One, 12 (3): 1-20.

MALHI S S, KUTCHER H R, 2007. Small grains stubble burning and tillage effects on soil organic C and N, and aggregation in northeastern Saskatchewan [J]. Soil & Tillage Research, 94 (2): 353-361.

MALLARINO A P, BLACKMER A M, 1992. Comparison of methods for determining critical concentrations of soil test phosphorus for corn [J]. Agronomy Journal, 84: 850-856.

MAO J, DAN C O, FANG X, et al., 2008. Influence of animal manure application on thechemical structures of soil organic matter as investigated by advanced solid-state NMR and FT-IR spectroscopy [J]. Geoderma, 146 (1): 353-362.

MA Q, WU L G, WANG J, et al., 2018. Fertilizer regime changes the competitive uptake of organic nitrogen by wheat and soil microorganisms: An in-situ uptake test using 13C, 15N labelling, and 13C-PLFA analysis [J]. Soil Biology and Biochemistry, 125: 319-327.

MURPHY D V, MACDONALD A J, STOCKDALE E A, et al., 2000. Soluble organic nitrogen in agricultural soils [J]. Biology and Fertility of Soils, 37: 374-387.

NAKAMURA A, TUN C C, ASAKAWA S, et al., 2003. Microbial community responsible for the decomposition of rice straw in a paddy field: estimation by phospholipid fatty acid analysis [J]. Biology and Fertility of Soils, 38 (5): 288-295.

NGUYEN T H, SHINDO H, 2011. Effects of different levels of compost application on amounts and distribution of organic nitrogen forms in soil particle size fractions subjected mainly to double cropping [J]. Agricultural Sciences, 2 (3): 213-219.

NIE S A, ZHAO L X, LEI X M, et al., 2018. Dissolved organic nitrogen distribution in differently fertilized paddy soil profiles: Implications for its potential loss [J]. Agr. Ecosyst. Environ, 262: 58-64.

OHEIMB G V, POWER S A, FALK K, et al., 2010. N : P ratio and the nature of nutrient limitation in *Calluna*-dominated heathlands [J]. Ecosystems, 13: 317-327.

PERAKIS S, HEDIN L, 2002. Nitrogen loss from unpolluted south american forests mainly via dissolved organic compounds [J]. Nature, 415: 416-419.

PEREZ P G, ZHANG R, WANG X, et al., 2015. Characterization of the amino acid composition of soils under organic and conventional management after addition of different fertilizers [J]. Journal of Soils & Sediments, 15 (4): 890-901.

QUAN Z, LU C, SHI Y, et al., 2014. Manure increase the leaching risk of soil extractable organic nitrogen in intensively irrigated greenhouse vegetable cropping systems [J]. Acta Agriculturae Scandinavica, Section B-Soil & Plant Science, 65 (3): 199-207.

RINNAN R, MICHELSEN A, BÅÅTH E, et al., 2007. Fifteen years of climate change manipulations alter soil microbial communities in a subarctic heath ecosystem [J]. Global Change Biology, 13 (1): 28-39.

ROS G H, HOFFLAND E, KESSEL V C, et al., 2010. Dynamics of dissolved and extractable organic nitrogen upon soil amendment with crop residues [J]. Soil Biology and Biochemistry, 42: 2094-2101.

ROTHSTEIN D E, 2010. Effects of amino-acid chemistry and soil properties on the behavior of free amino acids in acidic forest soils [J]. Soil Biology and Biochemistry, 42 (10): 1743-1750.

RYSGAARD S, THASTUM P, DALSGAARD T, et al., 1999. Effects of salinity on NH_4^+ adsorption capacity, nitrification, and denitrification in danish estuarine sediments [J]. Estuaries, 22 (1): 21-30.

SAGAN D, MARGULIS L, 1999. Evolution, natural selection. Environmental geology [J]. Encyclopedia of Earth Science: 241-243.

SANGINGA N, LYASSE O, SINGH B B, 2000. Phosphorus use efficiency and nitrogen balance of cowpea breeding lines in a low P soil of the derived savanna zone in West Africa [J]. Plant and Soil, 220: 119-128.

SARDANS J, RIVAS-UBACH A, PENUELAS J, 2012. The elemental stoichiometry of aquatic and terrestrial ecosystems and its relationships with organismic lifestyle and ecosystem structure and function: a review and perspectives [J]. Biogeochemistry, 111 (1): 1-39.

SHEN P, XU M G, ZHANG H M, et al., 2014. Long-term response of soil Olsen P and organic C to the depletion or addition of chemical and organic fertilizers [J]. Catena, 118: 20-27.

SHEPHERD M A, WITHERS P J, 1999. Applications of poultry litter and triple superphosphate fertilizer to a sandy soil: effects on soil phosphorus status and profile distribution [J]. Nutrient Cycling in Agroecosystems, 54: 233-242.

SONG L C, HAO J M, CUI X Y, 2008. Soluble organic nitrogen in forest soils of northeast China [J]. Journal of Forestry Research, 19: 53-77.

SOWDEN F J, CHEN Y, SCHNITZER M, 1977. Nitrogen distribution in soils formed under widely differing climatic conditions [J]. Geochimica Et Cosmochimica Acta, 41 (10): 1524-1526.

STEGEN J C, JOHNSON T, FREDRICKSON J K, et al., 2018. Tfaily Malak, Zachara John. Influences of organic carbon speciation on hyporheic corridor biogeochemistry and microbial ecology [J]. Nature Communications. doi: 10.1038/S41467-018-02922-9.

STEVENSON F C, 1997. Weed species diversity in spring barley varies with crop rotation and tillage, but not with nutrient source [J]. Weed Science, 45 (4): 798-806.

SUN W J, HUANG Y, ZHANG W, et al., 2010. Carbon sequestration and its potential agricultural soils of China [J]. Global Biogeochemical Cycles, 24 (3): 1154-1157.

SUN Y P, GUAN Y T, WANG H Y, et al., 2019. Autotrophic nitrogen removal in combined nitritation and Anammox systems through intermittent aeration and possible microbial interactions by quorum sensing analysis [J]. Bioresource Technology, 272: 146-155.

TESSIER J T, RAYNAL D J, 2003. Use of nitrogen to phosphorusratios in plant tissue as an indicator of nutrient limitationand nitrogen saturation [J]. Journal of Applied Ecology, 40 (3): 523-534.

TIAN J, LU S H, FAN M S, et al., 2013. Integrated management systems and N fertilization: effecton soil organic matter in rice-rapeseed rotation [J]. Plant and Soil (372): 53-63.

TISCHER A, POTTHAST K, HAMER U, 2014. Land use and soil depth affect resource and microbial stoichiometry in a tropical mountain rainforest region of southern Ecuador [J]. Oecologia, 175: 375-393.

WANG B, LI J M, REN Y, et al., 2015. Validation of a soil phosphorus accumulation model in the wheat-maize rotation production areas of China [J]. Field Crops Research, 178: 42-48.

WESSÉN E, NYBERG K, JANSSON J K, et al., 2010. Responses of bacterial and archaeal ammonia oxidizers to soil organic and fertilizer amendments under long-term management [J]. Applied Soil Ecology, 45: 193-200.

XU Y C, SHEN Q R, RAN W, 2003. Content and distribution of forms of organic N in soil and particle size fractions after long-term fertilization [J]. Chemosphere, 50 (6): 739-745.

YAN Z B, KIM N, HAN W X, et al., 2015. Nitrogen and phosphorus supply on growth rate, leafstoichiometry, and nutrient resorption of Arabidopsis thaliana [J]. Plant and Soil, 388 (1): 147-155.

YANG J, GUO W, WANG F, et al., 2021. Dynamics and influencing factors of soluble organic nitrogen in paddy soil under different long-term fertilization treatments [J]. Soil and Tillage Research, 212: 105077.

YAO R J, YANG J S, GAO P, et al., 2013. Determining minimum data set for soil quality assessment of typical salt-affected farmland in thecoastal reclamation area [J]. Soil and Tillage Research, 128: 137-148.

YUAN H Z, ZHU Z K, LIU S L, et al., 2016. Microbial utilization of rice root exudates: 13C labeling and PLFA composition [J]. Biology and Fertility of Soils, 52: 615-627.

ZHA Y, WU X P, GONG F F, et al., 2015. Long-term organic and inorganic fertilizations enhanced basic soil productivity in a fluvo-aquic soil [J]. Journal of Integrative Agriculture, 14 (12): 2477-2489.

ZHANG W, ZHAO J, PAN F J, et al., 2015. Changes in nitrogen and phosphorus limitation during secondary succession in a karst region in southwest China [J]. Plant Soil, 391: 77-91.

ZHAO J S, CHEN S, HU R G, et al., 2017. Aggregate stability and size distribution of red soils under different land uses integrally regulated by soil organic matter, and iron and aluminum oxides [J]. Soil & Tillage Research, 167: 73-79.

ZHAO S C, QIU S J, XU X P, et al., 2019. Change in straw decomposition rate and soil microbial community composition after straw addition in different long-term fertilization soils [J]. Applied Soil Ecology, 138: 123-133.